U0292866

蔬菜提质增效营养富硒
技术研究与应用

主　编　钱　华　曲红云　赵　杨
副主编　杨瑞华　王喜庆　崔　潇

哈尔滨工程大学出版社
Harbin Engineering University Press

内容简介

本书对蔬菜提质增效营养富硒技术进行了深入研究,并在生产上进行了示范应用,对蔬菜硒含量、营养成分等进行了测定,形成了一套完整的、标准的、可复制的富硒蔬菜生产技术模式,为黑龙江省发展优质富硒蔬菜生产提供技术指导。本书共五章,主要内容包括发展富硒蔬菜的意义、国内外富硒栽培技术研究进展、富硒对蔬菜产量和品质的影响研究、黑龙江省硒蔬菜栽培技术和黑龙江省富硒蔬菜的展望前景。

本书可为蔬菜富硒技术研究人员提供一定参考。

图书在版编目(CIP)数据

蔬菜提质增效营养富硒技术研究与应用/钱华,曲红云,赵杨主编. —哈尔滨:哈尔滨工程大学出版社,2022.1
  ISBN 978 - 7 - 5661 - 3384 - 7

Ⅰ. ①蔬… Ⅱ. ①钱… ②曲… Ⅲ. ①蔬菜园艺 – 研究 Ⅳ. ①S63

中国版本图书馆 CIP 数据核字(2022)第 281367 号

蔬菜提质增效营养富硒技术研究与应用
SHUCAI TIZHI ZENGXIAO YINGYANG FUXI JISHU YANJIU YU YINGYONG

选题策划　薛　力　张志雯
责任编辑　张　彦　王雨石
封面设计　李海波

出版发行　哈尔滨工程大学出版社
社　　址　哈尔滨市南岗区南通大街 145 号
邮政编码　150001
发行电话　0451 - 82519328
传　　真　0451 - 82519699
经　　销　新华书店
印　　刷　哈尔滨午阳印刷有限公司
开　　本　787 mm ×1 092 mm　1/16
印　　张　8.5
字　　数　198 千字
版　　次　2022 年 1 月第 1 版
印　　次　2022 年 1 月第 1 次印刷
定　　价　68.00 元
http://www.hrbeupress.com
E-mail:heupress@ hrbeu.edu.cn

编 委 会

前　言

我国是农业大国，农业生产是国家粮食安全的重要保障，习近平总书记多次强调保障国家粮食安全是一个永恒课题，任何时候这根弦都不能松。在每年中央一号文件的指示中，清晰可见党中央、国务院对国家农业发展的重视。而在农业生产中，蔬菜是中国种植业中仅次于粮食的第二大农作物，为人们提供所需的多种维生素和矿物质，在人们日常饮食中必不可少，是对全国农村居民人均可支配收入增长贡献最大的种植业，确保蔬菜产业持续稳定发展是保民生、惠民生、保稳定和促和谐的重大民生工程。

中国是世界蔬菜生产和消费的第一大国，如何在保证蔬菜产量稳步提升的基础上提高蔬菜品质是近年来农业发展的重要问题。虽然近年来我国蔬菜产业飞速发展，但在种植技术和经营方法等方面还存在短板。作者对当前制约蔬菜产业发展的问题进行研究，根据多年的经验总结，创新集成了本书。书中细致阐述了蔬菜富硒技术应用的特点和意义，阐明了其促进种子萌发、提高蔬菜产量、提升蔬菜品质、营养富硒功能、增强抗逆抗病性等多种优势，开辟了农业提质增效、农民持续增收、企业持续增效和产业链不断延伸的良好局面，是一部集实用性和创新性于一体的著作。

本书共分五章，具体分工如下：前言由曲红云、王红蕾撰写；第一章发展富硒蔬菜的意义由张军民、关慧明、黄元炬、董德建、张丽萍、冷玲、王雪撰写；第二章国内外富硒栽培技术研究进展由贲海燕、刘思宇、张雪岩、胡凯凤、王红蕾、付永凯、姚雪、刘义、刘维君、孙晓波撰写；第三章富硒对蔬菜产量和品质的影响研究由钱华、曲红云、杨瑞华、陈松鹏、崔潇、徐林贵、谢立波撰写；第四章黑龙江省富硒蔬菜栽培技术由钱华、曲红云、许春梅、王喜庆、刘万达、赵杨、冯一新、刘剑辉、宋岩、王家有撰写；第五章黑龙江省富硒蔬菜的发展前景由曲红云、李国泰、贺强、杨晓华、董航撰写。

编　者

2022 年 1 月

目 录

第一章 发展富硒蔬菜的意义

第一节 我国蔬菜的生产现状和发展趋势

一、我国蔬菜的生产现状

在我国,蔬菜的食用器官包括植物的根、茎、叶、花、果实和种子以及菌类的子实体等。我国蔬菜的生产和消费在世界上均居首位,蔬菜播种面积和产量分别占世界总量的40%和50%以上。

(一)产业规模发展迅猛

随着农业、农村经济结构调整步伐的加快,全国蔬菜生产迅速发展,生产面积持续增加,生产总量不断增长。2020年全国蔬菜生产面积约为3.2亿亩[①](包括西瓜种植面积2 300万~2 500万亩,甜瓜种植面积约800万亩),比1975年增加2.8亿亩,增幅高达550%,其中设施蔬菜5 500万亩;2020年我国蔬菜生产总量为7.22亿t,较2019年增长0.3%;受疫情影响,国内蔬菜消费量略有下降,为5.38亿t,全年人均蔬菜消费量92 kg;蔬菜进口量增加,贸易顺差约138.9亿美元。

全国蔬菜供给由生产总量供应不足逐步发展到周年供应趋于平衡,蔬菜产业发展发生了根本性改变。我国直接从事蔬菜种植的劳动力约占全国人口总数的7.7%,并带动8 000多万劳动力从事与蔬菜相关的加工、贮运、保鲜和销售等工作,蔬菜产业为农民增收和就业做出了重大贡献。

(二)产业布局逐步优化

为了充分发挥我国不同区域蔬菜种植的资源优势,在中华人民共和国农业部(简称农业部,2018年3月改为农业农村部)下发的《全国设施蔬菜重点区域发展规划(2015—2020年)》的指导下,我国重点区域的蔬菜生产基地逐步形成,并已经形成了六大优势区域:华南与西南热区冬春蔬菜、长江流域冬春蔬菜、黄土高原夏秋蔬菜、云贵高原夏秋蔬菜、北部高纬度夏秋蔬菜、黄淮海与环渤海设施蔬菜,且以优势区域为中心不断发展;西甜

---

① 1亩≈666.67 m²

瓜则形成五大优势主产区,包括华南(冬春)西甜瓜优势产区、黄淮海(春夏)西甜瓜优势产区、长江流域(夏季)西甜瓜优势产区、西北(夏秋)西甜瓜优势产区和东北(夏秋)西甜瓜优势产区。我国蔬菜品种多样,这些区域在栽培品种上优势互补,力争上市档期不同,通过南菜北运、北菜南运、上菜下运、设施生产以及全国各个区域蔬菜的有效调剂,不仅有效缓解了秋冬淡季蔬菜供求矛盾,而且在全国瓜菜年均衡供应方面发挥了很好的调节作用,促进了我国蔬菜产业的良性发展。我国西甜瓜产业集中度高,全国命名的西甜瓜之乡、地理标志产品以及名优产区超过 30 个,主营西甜瓜的合作社和品牌企业在整个瓜菜产业中居首,西甜瓜生产大县(2 000 hm² 以上)合计播种面积约占总播种面积的 60% 以上。在我国工业化、城镇化进一步推进的大背景下,国家正全面规划改善和提高我国的交通运输状况,并为我国鲜活农产品开通"绿色通道",使我国蔬菜产业布局进一步区域化、专业化和高效化。

(三)蔬菜产品质量显著提升

一是蔬菜质量安全监管水平得到进一步加强。各地以各种形式出台监管规定,农业部还研究制定了禁用农药等农业投入品管理的规范性文件,使农药监管有法可依、有据可循,从源头上控制农业投入品,保证蔬菜质量安全。二是蔬菜的质量安全水平得到提高。据农业部农产品质量安全例行监测结果,近几年蔬菜农残监测不合格率稳定在 5% 以下,比 2000 年下降 30 多个百分点,这说明现在市场上的蔬菜质量总体上较好,是安全的、令人放心的。三是蔬菜商品质量明显改善。蔬菜的净菜整理、分级、包装、预冷等商品化处理数量逐年增加,商品化处理率由 2010 年的 25% 提高到 2020 年的 40%。四是品种丰富多彩。常年生产的蔬菜约 14 大类 150 多种,满足了多样化的需求,实现了"吃什么,有什么"的目标。

(四)蔬菜种植水平不断提高

蔬菜产业的蓬勃发展,很大程度上得益于我国蔬菜品种、生产技术、设备等的不断引进、创新与推广,提高了蔬菜产业现代化种植管理水平。近年来,我国蔬菜集约化育苗技术飞速发展,年产商品苗达 800 亿株以上,使我国蔬菜的良种覆盖率达 90% 以上,蔬菜单产居于世界领先水平。近些年,为解决蔬菜生产受外部环境制约的问题,一些蔬菜主产区大力推行设施蔬菜种植,设施蔬菜特别是节能效果世界领先的日光温室蔬菜高效节能栽培技术的研发及推广应用,实现了在室外 -20 ℃ 严寒条件下不加温生产黄瓜、番茄等喜温蔬菜,实现了蔬菜四季种植和供应。此外,病虫害综合防治、无土栽培、节水灌溉和水肥一体化等技术示范效果良好,已开始在全国大面积推广。

(五)蔬菜产业服务日趋完善

自 20 世纪 80 年代以来,蔬菜产业区以政府为主导,通过建立蔬菜站、推进蔬菜信息监测工作、实施科技培训工程、成立行业协会和专业合作社等形式,为蔬菜产业发展提供技术指导、生产经营、政策扶持等多渠道社会化服务工作,使蔬菜市场建设得到快速发展,覆盖全国城乡的市场体系已基本形成。蔬菜行业协会和专业合作社的发展,为开展技术交流、信息发布、生产经营以及对外交流合作提供了良好的平台,使农户的生产和交易成本大大降低,实现了农民创收,同时有效促进了区域服务体系的建设,推动了农村经济的快速发展。

二、蔬菜产业发展中存在的主要问题

我国蔬菜产业发展呈现出一片欣欣向荣的良好发展局面,但在发展蔬菜生产、保障蔬菜供应等方面还存在诸多问题。蔬菜产业发展面临不少问题和挑战,主要体现在以下方面。

(一)提高产品质量和安全稳定性的问题

我国蔬菜的安全品质整体保持较高水平,但品质、安全稳定性等依然较差,例如以连作障碍和病虫草害为主的生产隐患仍未得到根本性根除,品质安全提升技术的有效性与实用性较差。一是生态栽培技术普及率较低。生态杀虫剂、杀虫灯、防虫网、粘虫色板等生态栽培技术控制病虫危害、降低农残污染效果十分明显,但受成本高、优质不优价等因素的影响,发展较慢、应用比例低。二是标准化生产水平较低。生产技术在标准化、规模化、机械化和智能化上取得长足进步,但仍然严重滞后于当下产业需求,在标准化生产上有一套技术规程,但落实的力度不大,生产采标率低,即使在蔬菜产业重点县,按照技术规程进行生产的也不到 50%。三是质量监管到位率较低。蔬菜生产规模小、环节多、链条长,基地准出、产品质量追溯等制度不健全,产地环境、投入品和产品检测等环节监管不到位,一些质量不合格的产品容易进入市场流通。

(二)提升产品质量和市场价格的关系问题

我国拥有高质量、多样化的生产潜能,以及全球最大的中高端消费市场,但是在充分利用国内与国际两方面资源、两个市场来保障我国蔬菜供给上还有巨大的提升空间。以人工成本上升为主所导致的比较效益下降现象日趋严重,且提升生产效益技术的实用性与性价比不高,革命性技术尚待开发。一是成本持续增加。据分析,近 10 年蔬菜生产成本年均涨幅在 17.9% 以上,特别是人工费用上涨较快,年均涨幅达 26.9%。摊位费涨幅更大,这也是蔬菜价格上涨的重要原因。二是基础设施薄弱。部分菜地基础设施建设滞后,旱不能灌、涝不能排,容易受干旱、涝灾影响。不少设施建设标准低,容易受低温、风雪等灾害天气影响,造成市场供应和价格波动。三是产销信息不畅。目前,菜农难以得到及时、有效的信息,往往跟着价格种菜,什么菜贵就种什么,种了什么什么就便宜。四是不良信息影响。在开放的社会中,信息传播快、影响大,一条不良的手机短信、一个不实的网络帖子或是一篇不当的新闻报道,都可能引起蔬菜价格的剧烈波动。

(三)提高标准促进绿色发展的问题

我国蔬菜优质高效生产技术整体上处于发展中国家前列,但是与发达国家相比仍然相对落后,例如各产区发展的不平衡造成的问题十分突出。一是连作障碍。蔬菜特别是设施蔬菜多年连作、大量施用化肥,致使土壤酸化、次生盐渍化、土传病害加重。二是面源污染。化肥过量施用带来的氮磷流失,加重水体富营养化。枯枝落叶、病残体及农药包装废弃物等得不到无害化处理和利用,对环境造成污染。三是水资源浪费。露地蔬菜每亩用水量达到 $300\sim400\ m^3$,是耗水较多的作物。而目前生产上仍以大水漫灌为主,水资源浪费严重,特别是在水资源短缺、生态脆弱地区,无法兼顾在保护中发展、在发展中保护,面临两难困境。四是作物单一。近几年,部分地区种植单一作物面积多的达到几十万亩,甚至超过百万亩,使生物多样性遭到严重破坏。这些地区病虫危害加重、灾害性天气频发,对产业安全构成威胁,应引起高度重视。

(四)品牌销售和保障市场供给的问题

各种新兴业态的品牌化销售与三产融合的新型园艺产业呈现爆发式增长,直接带动了从田间到餐桌的全产业链技术创新,但这种新型业态缺乏相应的配套品种和技术标准,部分技术与设施装备还不能满足产业需求。一是城郊基地面积萎缩。随着城镇化、工业化步伐的加快,城郊蔬菜面积逐年减少。近 5 年,北京、天津、上海的蔬菜播种面积减少80万亩。二是劳动力素质下降。据调查,目前 60 岁以上的菜农占 55% ,初中及以下学历的占 66.7% 。高素质的青壮年劳力大量流失,影响蔬菜生产精耕细作和科技水平的提高。三是基层技术力量薄弱。一般蔬菜主产区乡镇专业技术推广人员只有 1~2 人,且年龄老化、知识结构老化问题突出,导致技术推广和质量监管难以落实到位。

三、我国蔬菜的发展趋势

全球农产品大生产与大流通格局的基本形成,将进一步促进最佳生产要素配置向优势产区聚集。如缅甸、老挝、越南等"一带一路"沿线国家的瓜菜生产与供销方式变革,越来越多的国内企业开始"走出去",拓展国际市场,而庞大的国内消费市场和发展潜力,也吸引着国外企业到中国谋求合作与交流,催生与分化了我国园艺产品秋冬季、冬春季和早春瓜菜原有的生产格局。

按照市场需求"逆向"打通瓜菜全产业链的经营理念已经全面实施,组织规模化的瓜菜生产基地与瓜菜供应链成为产业发展的必然。以良种与种苗等农资为载体实行农资订制服务,并引领产品结构调整,实现优质优价,将成为全行业争相发力的突破口。蔬菜品种越来越多样化,新品种、特色品种和专用品种在不断丰富市场,特色小宗产品越来越受终端消费者喜爱,由此带动的全产业链一体化运营已形成一定规模,并影响大众产品的生产经营模式变革。产业技术创新全面展开,新技术、系统化技术、区域化技术体系和生产方式等在不断以机械化、智能化带动瓜菜产业标准化、简约化,生产将得到全面提升。以绿色防控技术、健全农产品安全追溯体系等提升产业安全质量的一系列手段,将成为产业竞争力提升的必然选择。随着"互联网 + "、外来资本和新兴企业形态的进入与融合,传统农产品供应模式可能被颠覆,进而变革农产品生产方式。

四、推进蔬菜产业发展的重点措施

从蔬菜市场需求和绿色发展要求来看,蔬菜生产发展的主要目标任务一是稳定生产面积,划定优势区。确定大中城市常年菜地最低保有量,力争全国蔬菜播种面积稳定在 0.2 亿 hm^2,保障供应充足。二是提高均衡供应能力。充分利用南方"天然温室",高原、高山、高纬度地区"天然凉棚",以及北方温室大棚,增加淡季产品、特色产品,保障周年均衡、品种丰富。三是提高质量效益。坚持质量第一、效益优先,加强基础设施建设,加快品种改良,推进标准化、机械化、产业化,培育知名品牌,实现增产增效、节本增效、提质增效、增值增效。四是提高绿色发展能力。集成推广优质高效、资源节约、生态环保的绿色生产技术模式,用健康的土壤、绿色的技术等来生产最优质的蔬菜产品。围绕上述目标任务,应在以下几个方面采取措施。

(一)推进区域化布局

各地要根据资源禀赋、生态条件和产业基础,按照"露地栽培与设施栽培相结合,就近生产为主,优势区域调剂"的原则,扎实推进供给侧结构性改革,进一步优化蔬菜生产区域布局,突出特色和优势,形成品种互补、档期不同、区域协调发展的生产布局。一是稳定大中城市郊区。落实"菜篮子"市长负责制,在确定大中城市常年菜地最低保有量的基础上,划定生产基地保护区,实行严格的占补平衡和补偿机制,确保大中城市蔬菜生产基地面积稳定。重点建设高标准的温室大棚等设施,优先发展不耐贮运的叶菜类蔬菜和地方特色蔬菜,力求全年均衡上市,努力提高自给能力和应急供应能力。二是提升优势区。明确优势区域主栽品种、上市档期、目标市场等功能定位。立足资源禀赋,建设一批优势明显、特色鲜明的蔬菜优势产业带。进一步调整、优化布局,把结构调优、档期调准,让优势更突出、特色更鲜明、产业更集聚。建设田间工程、集约化育苗和田头预冷等设施,发展优势明显、特色突出的产品,努力提高综合生产能力和均衡供应能力,扩大销售半径。三是发展特色农产品优势区。开展中国特色农产品优势区认定,推进特色农产品优势区建设。应抓住机遇,挖掘资源潜力,建设特色优势区,重点是发展"三特"产品(独特品种、特殊品质和特定区域),特别是要发展知名度高的地理标志产品,增加特色优质蔬菜产品供应,把特色产业做大做强。

(二)推进规模化种植

一是推进机械化生产。机械化生产可以降低生产成本、提高生产效益,降低劳动强度、提高生产效率,可以推进规模化生产,为产业做大做强奠定坚实的基础,成为稳定蔬菜生产的关键。重点是加快研发适合我国蔬菜生产的耕整、定植、卷帘、放风、水肥一体、施药等机械装备,因地制宜集成推广机械化生产和轻简栽培技术模式,推进农机和农艺措施有机融合,加大农机购置补贴力度,努力提高机械化生产程度和水平。同时,加快设施环境监测与控制、水肥精准供给、物联网等自动化装备研发与推广,提升设施蔬菜生产数字化、智能化水平。二是培育新型经营主体。重点扶持发展"公司＋合作社＋农户"等组织形式,完善利益联结机制,培育一批机制健全、规模适度、带动力强的蔬菜种植大户、农民合作社和龙头企业等新型经营主体。培育新型经营主体,发展适度规模经营,关键要解决好三个问题。一是机制问题,怎样在企业(合作社)与农民之间建立风险共担、利益共享的利益联结机制。二是效益问题,怎样解决土地流转统一经营带来的用工多、用工贵、效益低的问题。三是培育专业化服务组织。建设一批蔬菜集约化育苗中心,扶持发展一批植物保护、农业机械等专业化服务组织,开展种苗统育统供、病虫统防统治、肥料统配统施、市场营销等社会化服务,把分散的农民组织起来,统一生产、统一加工、统一销售,解决一家一户办不到、办不好的问题。

(三)推进标准化生产

只有推行标准化生产,保障质量安全,才能提高生产效益。推进标准化生产关键是要保证标准的可操作性、标准的落地、标准产品的优质优价。要求生产、监管同时发力,取得实效。一是加快完善标准体系。在现有标准的基础上,制定标准框架,制(修)订一批产品标准和技术规程;在产品标准方面,重点依托龙头企业、行业协会和产业联盟,根据市场需求,制定区域公用品牌、特色产品品牌、企业知名品牌及地理标志产品标准,明确产品等级规格、营养品质等指标要求。在技术规程方面,分区域、分品种,在熟化一批优质高效、资源节约、生态环保的新技术基础上,与常规技术组装配套,形成生产技术规程,提高其先进性、适用性和可操作性。二是加快推广应用标准。结合实施蔬菜绿色高质高效创建,依托龙头企业、农民合作社等新型经营主体,创建一批蔬菜全程标准化生产示范基地,带动标准化生产技术大面积应用。通过现场观摩和技术培训等多种形式,指导农民切实按照生产技术操作规程进行田间管理和商品化处理,确保生产出标准化的产品。三是加快健全质量管理制度。完善投入品管理、档案记录、产品检测、合格证准出和质量追溯等产品质量内控制度,推行良好农业规范,构建全程质量管理长效机制,确保产品质量稳定。同时,推进"三品一标"等认证登记和品牌创建,构建优质优价的长效机制。

(四)推进绿色化发展

推进绿色化发展是农业发展观的一场深刻革命,也是农业供给侧结构性改革的主攻方向。蔬菜生产是用水、用肥、用药的大户,资源节约的潜力很大。推进绿色化发展要重点集成推广一批优质高效、资源节约、生态环保的绿色生产技术模式,以及推进四个方面的工作。一是推进灌溉节水。根据区域水资源和气候条件,因地制宜推广节水品种、膜下滴灌及水肥一体化等节水技术,提高水资源利用率。二是推进化肥减量增效。深入开展化肥使用量零增长行动,推进测土配方施肥,加快高效缓释肥、水溶性肥料、生物肥料、土壤调理剂等新型肥料的应用,集成推广种肥同播、机械深施、水肥一体化等科学施肥技术,实施有机肥替代化肥,减少化肥用量。三是推进农药减量增效。深入开展农药使用量零增长行动,大力推进绿色防控和统防统治融合,推广高效低风险农药和现代植保机械,推进精准施药减量。特别是要大力推广农业防治、物理防治、生物防治等绿色防控技术,降低病虫基数,减少化学农药用量。四是推进废弃物资源化利用。对蔬菜植株枯枝落叶、病残果及尾菜等废弃物,进行资源化、无害化处理。推广使用加厚地膜,推动建立多种方式的废旧农膜回收利用机制,有效控制白色污染。加快设施蔬菜连作障碍综合治理,促进设施蔬菜健康发展。

(五)推进产业化经营

延长产业链、提升价值链,推进一、二、三产业融合,是实现蔬菜产业提质增效、转型升级的必然要求。一是加强信息引导。抓好蔬菜生产信息监测预警,及时研判形势,适时发布供求信息,引导生产者合理安排品种结构和生产规模,特别是安排好茬口和上市档期,生产适销对路产品,避免"滞销卖难"。二是推进商品化处理。在蔬菜集中产区,支持龙头企业、农民合作社等新型经营主体,建设田头预冷、贮运保鲜等设施,推广先进实用的贮运保鲜技术,降低腐损比例,拓展销售范围。按照不同产品的特点和不同目标市场的需求,配备必要的清洗、分级、包装等设施设备,严格按照操作技术规程进行采后处理,提高产品档次和附加值。三是打造知名品牌。以优势企业和行业协会为依托,打造地域特色突出、产品特性鲜明的区域公用品牌、企业品牌和产品品牌,推动企业技术创新,改良生产工艺,优化包装设计,塑造品牌核心价值。积极搭建品牌产品销售推介平台,加大宣传营销力度,扩大品牌知名度。四是创新营销模式。依托加工配送企业,构建"N 个农民合作社 + 加工配送企业 + N 个学校、饭店、社区"的蔬菜经营模式,推行统一生产、统一加工、统一销售,实现产加销一体,打造农超对接的升级版,解决农超直接对接单品种大规模生产、周年生产及多品种生产难的问题。加快推进"互联网 +"现代农业发展,推进线上线下融合发展,满足不同群体不断升级的消费需求。

第二节 富硒蔬菜以营养导向推动产业发展

一、富硒蔬菜产业发展的重点

富硒蔬菜是富含硒元素的蔬菜,即在蔬菜自然生长阶段,用不同的方法把微量元素硒导入蔬菜的体内,通过生物转化后产出有机硒含量较高的蔬菜。富硒蔬菜的硒含量明显高于普通蔬菜。蔬菜中的硒含量受地理影响很大,土壤的不同使各地蔬菜中硒含量不同。蔬菜中的硒主要是以有机硒的方式存在的,其生理活性高,人们在食用富硒蔬菜时容易将其吸收利用。萝卜、油菜等十字花科蔬菜较其他植物有较高的富硒能力。提高蔬菜产品中硒的含量,对我国居民的健康具有一定的现实意义。通过增施外源硒来提高蔬菜中硒的含量,是富硒蔬菜研究的热点。

为探讨行业科学发展路径,抓住机遇,坚定信心,引导硒产业下一步的发展,中国农业国际合作促进会功能农产品委员会、中国硒产业(Se20)峰会秘书处于 2020 年在北京召开第二届中国(北京)国际富硒功能农业大会暨第二届中国硒产业(Se20)峰会年会。大会发布了《2019 富硒农产品发展及展望报告》(以下简称《报告》),与会专家提出,发展富硒产业正当其时,要以营养导向推动富硒农业转型升级,并加大标准的制定力度,加强行业规范,同时从消费市场端做好宣传和引导。

全世界有 42 个国家和地区缺硒,我国有 72% 的地区处于缺硒和低硒状态。从全球范围来看,欧美发达国家富硒农业发展比较早,相对来说比较成熟;我国富硒农业尚处于初始发展阶段,尤其是富硒类蔬菜处于初级栽培阶段,但在我国大健康战略提出以后,富硒农业发展较快。

此外,随着消费收入水平和营养健康意识的提高,人们在农产品消费中,对价格敏感性越来越低,对农产品的营养要求越来越高,加之硒知识的普及推广,国内市场对富硒产品的需求量增大,消费频率增加,消费渠道和消费群体多元化,消费产品呈多样化趋势。2019 年国内富硒农产品市场规模为 49.6 亿元,同比 2018 年增长 5.37%。从消费区域来看,华东地区(尤其是江浙地区)是国内富硒农产品消费的重点区域,占国内富硒农产品消费的 43%,然后依次是华南地区(17%)、华北地区(13%)、华中地区(11%)、西南地区(8%),西北地区和东北地区是国内富硒产品重要产区,但在消费方面相对较少。

国内富硒农产品市场主要以小企业为主,且各自为政,彼此之间产品同质化现象严重,在竞争方面主要以价格竞争为主,这严重损害了产业的整体利益,也使企业意识到品牌的重要性。2019 年,我国富硒农产品生产企业更为注重品牌建设。越来越多的企业通过设备更新和规模扩大以及市场推广渠道的建设,逐渐形成了一些较有代表性的品牌。同时,企业运营也日趋规范。此前,生产者和消费者之间信息不对称,加之政府相关部门未对富硒农产品的产品标准进行界定,部分不法富硒农产品生产企业为了自己的利益而鼓吹产品的性能或虚假宣传富硒产品,造成"富硒农产品骗局"的报道屡见不鲜。随着富硒农产品标准及相关信息市场透明度的提升,富硒农产品已被越来越多的消费者所认识和了解,市场的规范化程度较之以往大幅提升。目前,国内富硒产品仍以中小型企业为主,虽然涌现出恩施徕福硒业有限公司、恩施德源健康科技发展有限公司、四川巴山雀舌名茶实业有限公司等富硒产品年产值亿元以上的企业,但富硒农产品行业市场集中度CR10(十强企业合计占富硒农产品的市场份额)仍不足 20%。

多年来,国家对富硒农业标准体系建设和标准化生产做了一系列的努力,发布了国家标准《富硒稻谷》(GB/T 22499—2008)和农业行业标准《富硒茶》(NY/T 600—2002),各地制定的地方标准总计 92 个,涵盖硒含量测定方法、富硒土壤标准、主要富硒产品生产技术规程等各个方面。与此同时,政策红利正在形成。2017 年 10 月,国家发展和改革委员会、农业部、国家林业局联合印发《特色农产品优势区建设规划纲要》,提出到 2020 年,围绕特色粮经作物、特色园艺产品、特色畜产品、特色水产品、林特产品五大类,创建并认定国家级特色农产品优势区 300 个左右。其中,国家鼓励有关县市积极申报创建国家富硒产业特区,对达到国家级特优区认定条件的,农业部将积极予以支持。2010—2019 年,农业部(2018 年后为农业农村部)会同财政部安排中央财政转移支付资金超 4 000 多万元,支持创建富硒作物标准园,扶持农业龙头企业、农民合作社推进规模化种植、标准化生产、商品化处理、品牌化销售、产业化经营,打造一批绿色优质农产品生产基地,促进农民增效增收。基于上述来自政策法规标准方面的利好,加之富硒农产品消费认知的提升,未来富硒农产品的增长趋势是不可改变的。图1-1所示为富硒白菜种植基地。

图1-1　富硒白菜种植基地

首先,富硒产品的品牌数量逐渐增多,基本辐射到各种蔬菜,但是分布较散,具有知名度的品牌寥寥无几,导致富硒蔬菜市场竞争力不足。当前大多数企业管理者对品牌的认知还停留在表面,品牌发展意识较弱,不清楚如何发展和打造金牌产品,缺乏对品牌定位的研究。其次,富硒产业链单一,销售渠道单薄,企业及合作社未能形成富硒产业集群以及产业链短、市场占有率低的问题普遍存在。最后,企业缺乏专业技术指导,科技含量低,区域内各企业科技创新能力不强,精深加工技术薄弱。

国家富硒农产品加工技术研发专业中心主任程水源也指出,当前我国市场上的富硒产品最主要的还是初级富硒农产品,市场看似百花齐放,但产品多而不专,缺乏一定规模的拳头产品。人们对硒产品日渐增长的强大需求与现有的加工水平出现矛盾,严重制约硒产业发展。建立健全富硒产业科技支撑体系,提升富硒农业及相关产业的发展水平和效益,对促进产业高质量发展具有重要意义。

国家2020—2025年富硒农业的发展思路:一是坚持因地制宜,发展特色富硒农业。根据各地农业产业发展基础,坚持"因地适宜、集中连片、节约用地、突出重点、分步推进"的产业发展原则,在规划重点富硒产业时,优先发展基础条件好、生产优势明显、提升空间较大的产业。二是做强富硒农产品加工,开发富硒新产品。富硒加工企业是富硒产业发展的主力军、重要驱动力,在产品成为商品、基地对接市场转换过程中起到积极作用,因此在富硒农业中要重视加强富硒农产品的加工。富硒产品要从低层次向高层次转变,由单一品种向多类型产品、原材料经销向深加工产品延伸，形成高附加值、高识别度的系列深加工产品，以产品为重点打造核心竞争力。三是加强富硒农业品牌化建设，发展富硒文化。富硒农产品的品牌提升，不仅能提升富硒农产品的知名度，而且能体现该地独特的自然资源优势和文化旅游资源优势，并能将富硒农产品基地打造成为旅游观光景点。

中国农业国际合作促进会名誉会长翟虎渠强调，硒产业的发展需要聚合各方力量，加大标准的制定力度，加强行业规范，同时从消费市场端做好宣传和引导。国家食物营养与咨询委员会主任陈萌山指出，发展富硒产业正当其时，要以营养导向推动富硒农业转型升级；加快构建以国内大循环为主体、国内国际双循环相互促进的新发展格局；坚持"大食物、大营养、大健康"理念；坚持营养指导消费，消费引导生产。要以提品质创品牌为主要目标，用更高的标准、更严的要求立足地方特色，加大研发力度，把产品的开发与当地的民俗文化融合起来，增强品牌价值，创造更多有影响力的公共品牌，打造叫得响、立得住的富硒农产品大品牌。

二、富硒蔬菜产业存在问题与发展前景

(一)存在问题

目前已发现的富硒地区有海南省澄迈县、湖南省湘西土家族苗族自治州、湖北省恩施土家族苗族自治州、陕西省安康市、贵州省开阳县、浙江省龙游县、山东省枣庄市、四川省万源市、江西省丰城市和黑龙江省富锦市、黑龙江省宝清县等。海南省的富硒面积达到9 545 km^2。

在富硒地区种植富硒蔬菜需要考虑的问题：

(1)选择既易富硒又具市场前景且效益较高的农产品种植。富硒耕地的直接利用相对简单，按本地资源与环境的实际，结合市场需求和农业种植结构，比较经济效益，直接在已知的富硒耕地上种植和培育富硒农产品。

(2)非农用土地富硒耕作土层异地利用。富硒土壤层的异地利用只适用于已规划批准农转建设用地征占的富硒耕地，这类用地富硒土层的异地利用要考虑的因素很多，相对复杂。富硒耕作土壤是宝贵的土地资源，应采用表土剥离、异地培肥等工程手段，快速改善新开发耕地的质量。

(3)富硒农产品开发，必须首先解决富硒土壤中普遍存在的全硒高而水溶硒低(一高一低)问题。开展农田土壤改良与种植对比试验，是解决这一问题最有效的方法。

外源富硒技术种类虽多，但各有其优缺点。土壤施硒虽然操作简单，但浪费严重，不提倡施用。叶面喷施可以避免土壤对施硒效果的干扰，大幅度降低了硒的施用量，开发有益于植物吸收的生物富硒肥料，将有非常广阔的前景。溶液培养富硒相较于土壤施硒，可使蔬菜在低浓度的外源硒条件下拥有更高的硒含量，但此种方法对操作设备、环境条件等有很高的要求。鉴于土壤施硒过程中硒与肥料难混合，以及叶面施硒的成本高，拌种富硒应运而生。因此，在选择蔬菜富硒方式时，必须结合蔬菜自身的条件，综合考虑各种富硒

方式的优缺点。

在《富硒食品硒含量分类标准》中严格规范与控制富硒食品中硒的添加量,但是富硒肥料产品没有统一的硒含量标准和使用规范,导致我国富硒肥料市场混乱。因此,富硒研究人员和施用人员在操作过程中要遵照标准执行,控制硒的施用量,避免污染环境,也避免对人体、动物体产生危害。由于我国人民的补硒意识还没有完全形成,相关的教育也较为薄弱,如今富硒蔬菜主要面向高端消费人群。相关调查数据表明,人们对富硒产品的接受程度与收入、文化程度呈正相关。让人们的传统观念发生改变,接受"富硒蔬菜",是富硒蔬菜开发和推广中的难题,给蔬菜补硒并让全民接受,将是一个漫长的过程。

(二)发展前景

植物对硒的生物强化是提高人类食物中硒含量和膳食硒摄入量的一种方法。富硒产业集绿色农业、功能农业、健康产业于一体,是一、二、三产业融合发展的产业。《"健康中国2030"规划纲要》提出明确目标,我国到2030年,主要健康危险因素得到有效控制。全民健康素养大幅提高,健康生活方式得到全面普及,有利于健康的生产、生活环境基本形成。

富硒蔬菜具有安全方便、补硒效果好、易得、成本低、便于商业化推广、以食补代替药补等优点。目前富硒蔬菜栽培技术方法存在的不足以及不同蔬菜适合的具体富硒方法等问题亟待解决和改善。富硒蔬菜的开发利用需要多学科、多部门共同协作与交流,需要普及推广科学补硒、安全补硒,积极宣传富硒蔬菜与健康的关系,加强人们对补硒的正确认识,提高人们对富硒蔬菜的辨别能力,使补硒观念深入人心。近年来,我国富硒蔬菜产业蓬勃发展。我国主要的富硒蔬菜产地和种类见表1-1。

表1-1　我国主要的富硒蔬菜产地和种类

地区	富硒蔬菜种类
湖北省恩施土家族苗族自治州	马铃薯、番茄、辣椒、生姜、白菜、萝卜、芦笋、绿花菜
山东省济南市章丘区	大葱
广西省北海市	香瓜、红薯、花生、豇豆、辣椒
湖北省襄阳市	西瓜、辣椒、甜瓜、绿菜苔、黄瓜
陕西省安康市	油菜、魔芋、大蒜
重庆市江津区	秋葵、番茄、叶菜
青海省海东市	油菜、马铃薯、大蒜
山东省寿光市	黄瓜、番茄、辣椒、甜瓜
湖南省永州市新田县	菜心、红萝卜、辣椒、南瓜、茄子、苦瓜、番茄
黑龙江省宝清县	马铃薯、菇娘、大蒜、白菜、豆角、辣椒、毛葱
海南省澄迈县	红薯、树仔菜

开发和利用富硒蔬菜，有助于硒元素比较匮乏的地区的人们补充身体内所缺少的硒元素。富硒蔬菜实现了以食补代替药补，这种补硒方法不但安全方便，而且效果明显。同时蔬菜较其他农作物方便易得、成本低，便于商业化推广。但目前利用蔬菜将无机硒转化为有机硒的方法还处于试验阶段，离最终实现其商业化推广还有一定距离。蔬菜富硒方法存在的不足，以及如何让每种蔬菜都有合适的具体富硒方法，有待在种植过程中进一步解决和研究。目前在我国对富硒蔬菜研究的过程中，提高富硒蔬菜中的硒含量主要在蔬菜叶面喷施含有硒元素的叶面肥，也可以选育含硒量较高的蔬菜品种进行种植。

在富硒蔬菜的研究中，对硒的代谢机制，如硒的吸收、运输、积累、分解、利用，以及硒元素引起的植株对其他元素的吸收和风味物质的积累等研究较少。蔬菜中的硒主要是从土壤中吸收来的，但是土壤中存在多种制约因素影响蔬菜对硒的吸收，包括土壤中的硒含量、土壤的酸碱度、土壤中硒的形态等。因此，我们需要进一步开展提高土壤中有效硒含量、根据蔬菜自身的生理特点和代谢规律选择适宜的方案开发新型富硒肥料等方面的研究，以提高蔬菜对硒的吸收利用效率。

三、发展富硒蔬菜提质增效的必要性

由于人体自身不能合成硒，目前我国人民主要从谷物中补充身体所需要的硒，随着人们生活水平的提高，一日三餐已经离不开蔬菜，蔬菜的日平均消费量不断增加，蔬菜补硒俨然成为一种主要的补硒方式，而且富硒蔬菜还可以提供人体所必需的多种微量元素和维生素，为人类健康开辟了一个新方向。发展和种植富硒蔬菜成为一个任务型的难题。目前使蔬菜富硒的方法主要有两种：一是利用富硒地区土壤种植；二是在种植过程中人工施加外源硒。在我国有多个富硒地区可以生产天然的富硒蔬菜。但对我国对富硒蔬菜的需求而言，仅仅依靠富硒地区的蔬菜种植面积是远远不够的，我国有72%的地区缺硒，特别是从东北到西南的15个省、自治区的部分地区构成了贫硒地带。增加外源硒的主要方式是土壤施硒、叶面喷硒、水培施硒、拌种富硒等，其中叶面喷施生物有机硒的效果最好，黑龙江省农业科学院园艺分院等单位对果蔬作物进行了生物有机硒的富硒试验，并通过对其营养指标和富硒含量进行测定，说明了采用生物有机硒的叶面喷施形式在硒土壤较为缺乏的地区，是一种行之有效的补硒方法。这种方法既能减少土壤因素对施硒效率的影响，又能降低硒的施用量，是目前较为可行的方法，但是在使用量上还没有形成明确的标准，很多富硒蔬菜的投入与回报达不到正比。

不同种类的蔬菜以及同一种蔬菜的各种器官对硒的吸收均存在一定的差异，总体而言，甘蓝、莴苣、菠菜等叶菜类蔬菜的富硒能力要大于黄瓜、番茄、辣椒等茄果类蔬菜。即使是同一种蔬菜，基因型不同，其富硒能力也不相同，所以选用富硒能力强的蔬菜进行种植，如由中国农业科学院油料作物研究所育成的富硒蔬菜绿菜苔"硒滋圆1号"是全球首个硒高效蔬菜杂交种，其硒含量、钙含量和维生素 C 的含量均比市面上常见的红菜苔和白菜苔高出一倍，在同等质量的前提下，鲜"绿菜苔"含钙量和牛奶相当，维生素 C 含量可以

与猕猴桃媲美。我国农产品市场是卖方市场,现在由增产导向向提质导向政策转变,目标是着眼市场需求,让市场引领生产,减少无效供给,扩大有效供给。蔬菜富硒种植契合了农业供给侧结构改革的要求,能够增加菜农的种地效益。

第三节　富硒蔬菜对人体营养与健康的意义

一、硒的概述

1817 年,科研人员在实验过程中发现硒(Selenium,Se)。硒属于稀散、半金属的硫族元素,与硫的化学性质相似,其化学符号如图 1 - 2 所示。因此,硒又属于亲硫、亲生物元素。硒在地壳中的含量极低且较为分散,被列为稀散元素之一。1973 年,硒在营养和保健方面的奇异功效在发达国家引起轰动,得到了世界各国的广泛认可,于 1984 年被正式认定为人体不可或缺的微量营养元素。目前硒已经成为除铁、锌及碘外缺乏最为严重的元素。经研究证明,人体摄入硒的量不足或过多会直接或间接地影响人类健康,人体缺乏硒元素会引发癌症、营养不良、心血管病、肝病、白内障、胰脏疾病、生殖系统疾病等 40 多种疾病,因而硒有"生命的保护剂""自由基的清道夫""抗癌之王"的称号。缺硒或硒过量导致的各种危及人体健康的问题以及如何改善地区性缺硒的方法已经成为人们广泛关注的话题。研究资料表明,地球上有 67% 的国家和地区是缺硒或低硒区域,我国有约 72% 的地区属于缺硒或低硒地区,其中有 30% 的地区严重缺硒。面对亟待解决的缺硒问题,20 世纪 80 年代,相关营养组织研究提出人体最佳摄取硒的范围,建议成年人摄入量是 50 ~ 250 μg/d,我国相关部门建议成年男性和女性最低摄取量分别是 19 μg/d 和 14 μg/d。但人体内硒含量过高也会引起健康问题,如皮肤损伤、神经系统异常等问题。

图 1 - 2　硒的化学符号

二、硒在植物体或人体中的存在形态

硒主要分为无机硒和有机硒。自然界中存在的无机硒主要是硒单质和硒酸盐类等。有机硒主要包括硒蛋白、硒多糖和硒核酸等。一般情况下,有机硒具有更高的生物学及营养学功能,且更容易被人体吸收。研究表明,硒蛋白是有机硒的主要存在形式。现阶段含有硒的蛋白质有三种分类方式:一是根据代谢方式不同,可以将其分为硒蛋白和含硒蛋白。其中硒蛋白为经过特殊方式,由硒代半胱氨酸组成的蛋白质,除此种形式外的统称为含硒蛋白。二是根据蛋白质的功能不同,将其分为结构组成类、运输硒元素类、氧化还原类等。三是根据组成结构方式不同进行分类。生物体能够通过硒多糖将硒从无机形式转化为有机形式。已有研究证实硒多糖确实存在,其不仅具有多糖的各种性质,而且能发挥硒独有的生物功能,同时,它的生物活性普遍比硒和多糖单独存在时高。目前,已经可以在一些富硒植物中检测到硒多糖,其可以成为人体补硒的良好来源,硒多糖含量高的富硒植物具有广阔的开发前景。研究人员在探索硒蛋白的过程中逐渐发现硒与核酸的关系,1982 年,科研人员发现硒代半胱氨酸可以与某一 tRNA 相结合,同时发现了硒核酸会在生物的生化反应过程中产生。

硒在人体组织中的分布视硒摄入水平而异,与所摄入硒的化学形式关系不大,不同形式的硒化合物进入血液的速度不同,一旦吸收,在机体内的去向则基本相同。硒在动物组织器官中分布时,吸收的不同外源性硒化合物均能迅速地分布到各组织脏器中,但是由于各组织中硒的代谢半衰期不同,随着时间的变化硒的分布情况也将发生明显变化。动物肾(尤其是肾皮质)、肝、胰腺、垂体及毛发含硒量较高,肌肉、骨骼和血液相对较低,脂肪组织则最低。在不同组织中,硒在细胞内分布也不同。在动物亚细胞水平上,硒趋向于在线粒体、内质网和胞液中富集。在研究硒的分布问题上,许多学者谈到了硒储藏库,Janghorbani 等曾报告和归纳了硒储藏库模式,夏奕明等进一步对此进行了说明,认为机体内有两个硒储藏库,库 2 的硒只有 SeMet,库 1 则含除 SeMet 之外的无机硒,如 SeCys、Se－P、GPx 及其代谢产物等。红细胞和脑组织是体内硒的一个调节性储藏库,具有贮存过剩硒的功能。

三、硒的生化功能

有关硒的生化特性的研究目前已有许多重要的成果。罗特拉克明确硒的生化功能与谷胱甘肽过氧化物酶(GSH－Px)的活性有关,它是一种含硒的酶。GSH－Px 催化谷胱甘肽(GSH)参与过氧化反应,清除细胞呼吸代谢如氧化磷酸化反应、黄嘌呤氧化酶系统、烃化反应、金属离子催化的氧与 H_2O_2 反应等产生的羟自由基和过氧化物,从而使细胞能维持正常的生理生化功能。其他含硒的酶有甲酸脱氢酶、甘氨酸还原酶。硒还影响其他许多酶的活性。如缺硒能引起人红细胞膜的 $Na^+－K^+－ATP$ 酶的活力降低,大鼠肝脏苹果酸脱氢酶、$\alpha－$磷酸甘油脱氢酶、血浆肌酸激酶和丙酮酸激酶活性会升高,而大鼠和牛的碱性磷酸酶活性降低;肝肾组织中的谷胱甘肽硫转移酶活性升高。严重缺硒时,则血红素加氧酶、细胞色素 P450 烃过氧化物酶和 UDP－葡糖醛酸转移酶的活性提高,而 NAPH－细胞色素 P540 还原酶,依赖黄素加单氧酶和磺基转移酶的活性下降。有些酶必须有硒才具活性,如甘氨酸还原酶、甲酸脱氢酶、尼克酸羟化酶、黄嘌呤脱氢酶和硫酶等。硒还能调节核酸和蛋白质的代谢。硒能促进 DNA 和 RNA 合成。如缺硒导致组织中 GSH－Px 活性及其 mRNA 水平下降,补硒则首先使 GSH - Px 的 mRNA 增加,然后使 GSH - Px 的活性上升。这说明硒可能防止 GSH - Px 基因转录子的降解。硒还是大肠杆菌里接受赖氨酸(Lys)和谷氨酸(Glu)两种转移核糖核酸(tRNA rRNA Lys tRNA Glu)的特定成分。一些哺乳动物组织中也有含硒的 tRNA,这些 tRNA 在酰化、辨别密码子及促进 mRNA 翻译的过程中有重要功能。贝涅从大鼠的多种组织中检测出 13 种含硒蛋白,其分布表现出组织的特异性。硒蛋白 P 含量受日粮中硒营养水平的调节,缺硒可导致其含量下降 90% 以上,故其可作为硒营养的检测指标。另外硒可调节维生素 A、C、E、K 的吸收和消耗,参与泛醌的合成;促进或增加机体中免疫球蛋白的含量,从而起免疫佐剂作用。

硒能影响机体内分泌器官的功能。对激素检测的结果表明:硒缺乏导致大鼠睾酮分泌量减少;中毒计量的硒干扰前列腺素的分泌,也可能导致肾功能的损坏。缺硒还导致大鼠血浆中的甲状腺激(T4)素水平升高;向大鼠日粮中补充硒可使大鼠血浆中的甲状腺激素、胰岛素和可的松水平上升。Arthur 发现分布于大鼠肝脏中 T4 - 5 - 1 型脱碘酶分子量为 2700 道尔顿的含硒酶,T4 - 5 - 1 型脱碘酶成为 GSH - Px 后第二个在哺乳动物组织中发现的硒酶,这是硒生物学研究领域中的一项新突破。T4 - 5 - 1 型脱碘酶必须要有硒才有活性,活性大小受硒营养水平的调节。T4 - 5 - 1 型脱碘酶能催化甲状腺激素转化为生物活性更高的三碘甲腺原氨酸(T3),从而调控有机体的生理功能。硒还能影响褐色脂肪组织(BAT)的适应性产热,BAT 是小型哺乳动物中重要的非颤抖性产热(NST)器官,对动物调节体温、冬眠觉醒、抵抗寒冷、防止肥胖、调节能量平衡及抵抗感染均有重要的意义。缺硒大鼠由冷刺激导致的 BAT 降解量要比补硒组的大鼠少,前者是后者的 50% 左右,说明硒缺乏阻碍了 BAT 的 NST 能力发挥。BAT 产热受阻的机制很可能是硒缺乏导致 BAT 中的 T4 - 5 - 1 型脱碘酶活性下降,T4 转化为 T3 的过程受阻,血循环中的 Ts 及 BAT 局部的 Ts 浓度降低,使受 Ts 调控的非偶联蛋白(UCP)合成减少,而 UCp 是 NST 的关键因素。硒缺乏降低了 BAT 的 NST,势必造成机体御寒能力的下降。

此外,硒还能影响肌肉和红细胞的完整性,拮抗生理过量有毒离子,控制透过细胞膜部分离子的异常流出,维持精子的活力,完善角蛋白,避免过度角化而产生白内障,维持胰腺功能以保证脂质的吸收,从而调节着机体的内平衡。

四、硒的毒理、药理作用

自硒被发现以后,人们首先就认识到硒和它的化合物均为有毒物质。硒的化合物掉在皮肤上会产生斑疹,硒中毒会造成头疼、脱发、指甲脆、疲劳,引起皮肤病和精神错乱、浮肿、不育、肾功能紊乱及嗅觉丧失。饮水中硒含量过高会引起龋齿。

硒元素可以为生物抗氧化功能提供极大的积极作用,主要是通过酶与非酶两种主要形式进行抗氧化作用。GSH - Px 组分中硒元素起到至关重要的作用。科研人员发现 GSH - Px 的含硒量为人体内所有物质的含硒量的 1/3。GSH - Px 能够在机体中起到催化还原过氧化物的作用,阻了机体内过氧化物、自由基等有关物质的产生。另一种非酶形式的硒化合物能够通过直接分解、修复分子损伤和去除自由基等形式完成抗氧化的功能。医学研究表明,硒元素具有独特的抗癌特性,因此硒元素被称为抗癌之王。硒的主要抗癌机制如下:

（1）选择性地抑制致癌基因,发挥抗癌作用;

（2）通过影响致癌物质的代谢防止肿瘤形成;

（3）通过提高机体免疫调节能力防止肿瘤形成;

（4）通过诱导癌细胞分化达到抗癌的目的。

2020 年美国麻省大学医学院在 *Nature Metabolisam* 杂志上发表文章,该研究证实硒半胱氨酸生物合成途径中的代谢酶——硒磷酸合成酶 2（SEPHS2）,具有硒解毒作用,而这一解毒作用是癌细胞生存所必需的。通过抑制 SEPHS2,进而扰乱肿瘤组织中的硒利用,最终使癌细胞因硒中毒而死。硒蛋白,普遍被认为是一类含有硒元素的蛋白,大部分硒蛋白参与清除活性氧（ROS）和维持细胞稳态,如谷胱氨酸过氧化物酶（GPXS）,催化中心的硒半胱氨酸是其活性维持的关键。硒半胱氨酸是一种稀有氨基酸,其结构与半胱氨酸类似,硫原子被硒取代。SEPHS2 以 ATP 依赖的方式从含硒化合物中生产硒磷酸盐,后者是 O‒磷酸丝氨酸 tRNASec 转移‒RNA 合成酶（SEPSECS）的底物,从而合成硒半胱氨酸。SEPHS2 的抑制将导致其底物硒化物的毒性积累。嗜硒癌细胞提高了 SLC7A11 基因的表达,这促使癌细胞依赖 SEPHS2 进行硒化代谢和解毒。SLC7A11 基因的敲除抑制了细胞内的积累,并拯救了 SEPHS2 敲除细胞。这一机制将半胱氨酸生成、硒代谢解毒和硒蛋白合成串联起来,从而产生极高的活性氧（ROS）清除效率。其中的关键代谢酶作为靶点将为肿瘤治疗提供一个新机会。SEPHS2 在硒蛋白的合成代谢中发挥重要作用,SEPHS2 的抑制会扰乱肿瘤组织的硒利用和活性氧（ROS）的清除,最终导致癌细胞死亡。

由于硒能防止骨髓端病变,促进修复,可预防软骨萎缩、变性、老化等,因此其能预防大骨节病。血清中硫基缺乏是关节炎的特征,而硒能在蛋白质的合成中,促进二硫键转变为硫基,这可能是硒防治风湿性关节炎的机理所在。硒还可防治血压升高和血栓的形成,临床上用硒结合维生素可防治心绞痛、心肌梗死和肝坏死。

硒能够作用于淋巴细胞,通过影响淋巴细胞的生理特性并促进其产生淋巴因子,达到增强机体免疫调节能力的效果。硒主要通过以下方式来提高人体免疫力:第一种方式为硒与硫基化合物发生作用,从而促进免疫细胞的增殖和分化,达到增强免疫力的作用;第二种方式为硒能够对淋巴细胞代谢过程中形成的酶产生作用,在一定程度上能够提高生理功能;第三种方式为硒能够降低机体代谢过程中的活性氧含量,起到抗氧化作用,提高机体的免疫能力。

由于硒在人类视网膜、水晶体、虹膜内的含量也非常高,因此其对人类眼睛的影响也很大。硒可以预防白内障、保护视神经、增强视力。若人眼长时间缺少硒元素,则会影响人眼的细胞膜,从而造成视力下降,甚至会引起诸多眼科疾病,如夜盲症、视网膜病和白内障等。硒还可通过 GSH‒Px 催化 GSSG 的生成,从而防治白内障。目前,许多医院开始对眼病患者开展硒疗法,临床研究表明,硒对恢复视力有显著的疗效。硒在预防疾病方面有非常重要的作用。硒在机体内起到抗氧化作用,可以预防脑血管堵塞、降低脑血管病的发病率等。因此,适时合理地获取硒对保护心血管系统有重要的意义。

硒可以与某些金属元素进行反应合成复合物,使有毒有害的金属元素不能被人体吸收,从而将金属从人体内排除,起到保护人体健康的作用。另外,硒由于其特定的元素性质,能够对金属离子产生极强的亲和力,与金属离子结合后以机体正常代谢的方式排出人体,从而起到解毒、排毒的作用。研究发现,脱碘酶是一种硒酶,能够直接影响甲状腺的生理代谢,因此机体内硒的含量会影响人体甲状腺的生理功能。硒也可防治一些地方性疾病,如大骨节病、克山病等。克山病为一种较为特殊的心肌病变。补硒预防克山病的可能机制有:

(1)补硒能增强含硒酶 GSH – Px 分解体内过氧化物的能力,防止对细胞膜系统的破坏;

(2)辅酶 Q 对心脏的生理功能起重要作用,而硒能促进其合成;

(3)补硒能增强机体的免疫功能,抵抗克山病和其他病毒的侵入。

五、硒与土壤活性及植物生长发育

近年来,国内外学者从不同化学价态(如硒酸盐 SeO_4^{2-} 和亚硒酸盐 SeO_3^{2-})、不同添加浓度及不同施用方式(如叶施和土施)等方面就外源施硒对作物生长、产量与品质、硒吸收与转运的影响开展了大量的研究。另一方面,硒具有生物毒性,过量摄取会导致硒中毒,不同价态和形态硒的毒性也存在明显差异。迄今为止,人们对外源施硒是否以及如何影响土壤生物活性问题的关注严重不足。以往在农业生产上常用的硒肥多为无机形态硒,包括亚硒酸钠和硒酸钠,但存在毒性强、肥料利用率低等问题。近年来,有机态硒肥凭借其低毒、环保等方面的优势在生产应用中逐渐受到重视。不同形态的硒肥施用对土壤生物活性的影响是否存在差异目前尚不明确。外源施硒会对土壤生物活性(如微生物生物量、群落结构、代谢等)产生何种影响,目前相关认识十分缺乏。土壤微生物是土壤的重要组成部分,其在有机质分解、养分转化与循环等方面起着关键性的作用,也是表征土壤肥力水平与生态环境质量的主要指标之一。樊俊等发现亚硒酸钠和硒酸钠在施用水平为 5～10 mg/kg 时可促进植烟土壤微生物数量增加,而施用水平达到 30 mg/kg 时,可使土壤细菌和真菌数量下降。程勤等采用高通量测序技术研究发现,施用亚硒酸钠显著影响油菜根际土壤细菌群落结构,但对真菌群落结构影响不明显。由此可见,低量的外源硒施用对土壤微生物生长有一定的促进作用,而高量外源硒施用则可能会抑制土壤微生物。然而,以往研究均采用无机硒,而有机硒对土壤微生物的影响尚未见公开报道,有机硒施用与传统的无机硒施用效果是否存在差异尚未可知。

硒不是植物结构和代谢的基础,所以被认为是植物非必需的营养物质。然而硒对植物的生长有许多好处,研究表明,硒能促进植物的生长和光合作用,低剂量的硒对植物有益;低浓度的硒可以促进种子萌发,促进蔬菜的生长和叶绿色的增加,提高蔬菜的产量和质量,增加蔬菜中蛋白质的含量、维生素 C 及可溶性固形物的含量,增强作物的耐胁迫能力,有利于光合作用与呼吸作用的恢复,有助于抗氧化防御系统的增强,抑制重金属的毒害,减少脂质过氧化和活性氧的过度生成等。硒能降低番茄植株对镉的吸收,增强植物在生物和非生物胁迫中的耐受性。大多数植物对硒的富集能力有限,高浓度的硒会使植物受毒害,研究表明,在高硒水平下,硒的植物毒性通常与硒引起的植物细胞受害、氧化应激和蛋白质结构畸形有关。硒通过土壤以及叶片进入作物,在土壤中和叶片上施用含硒制剂不仅可以提高作物的非生物胁迫能力,还可以促进作物的代谢生长,提高作物对养分的吸收利用,且有利于防治作物病虫害,提高作物的品质、产量。

第二章　国内外富硒栽培技术研究进展

第一节　国外优质富硒技术研究进展

1817年,瑞典化学家J. J. Berzelius从工业用的硫磺中分离并发现硒这种新化学元素,之后的一百年时间内,硒主要用在与光敏反应有关的印染工业和半导体工业中,最早被作为环境毒素(致癌物质)和重要的污染元素。1880年C. A. Cameron和1884年W. Knop率先探讨了硒作为与硫相似的化学元素对植物生长的作用。21世纪20年代,一些学者研究确定了几种硒化合物对高等植物的中毒效应。1934年,W. C. Robinson证明了美国中西部的牛、羊"碱毒病"和"盲目蹒珊症"是由于在大草原地区摄食了含硒的植物引起的动物硒中毒。1934年,O. A. Beah等在怀俄明州的高硒土壤上进行的一项植被调查中发现一些高硒或耐高硒的植物种,并称之为聚硒植物(selenium – accumulators)。1938—1939年,S. F. Trelease等在温室盆栽条件下证明黄芪属聚硒植物的生长需要硒供应,而非聚硒植物在同样的条件下则产生硒中毒。A. Shrift虽然也暂时支持这种观点,但指出Trelease等试验中的证据不足。1954年,微生物学家J. Pinsent最早发现硒为大肠杆菌等微生物所必需。尤其是1957年,美籍瑞士科学家K. Schwartz及其同事发现动物缺硒会导致大鼠肝坏死和家畜肌营养不良症之后,对植物硒的研究从早期主要研究其毒性转为研究其营养作用。1966—1972年,T. C. Broyer等试图用传统的纯化营养液水培方法解决植物硒的必要性问题,但没能成功。同时他们指出,在Treease等试验所用的基质中含有植物中毒水平的磷,认为在低磷情况下植物既无缺硒症状出现,也不含有产量上的效应。接着他们推测,假如硒为聚硒植物所必需,那么硒在植物中的临界水平肯定小于$0.080~\mu g$;而假如硒为非聚硒植物所必需,那么硒在植物中的临界水平应小于$0.020~\mu g$。从此,研究者们普遍认为,研究植物硒只是为了满足饲养动物的需要,而植物本身并不需要硒。但是在Broyer等的试验中并没有排除空气中的微量硒。后来的研究表明,植物叶片能从大气中吸收硒化物并进行代谢,还可以将硒反向运转到根部。21世纪60年代至70年代中期,随着硒对微生物体内几种酶活性,尤其对动物和人体内GSH – Px活性必需性的逐步发现,人们证实可以用植物酶学和非酶蛋白质组分等方法来研究高等植物硒营养的必需性问题,如高等植物代谢。次生代谢在环境胁迫的过程中会产生大量的活性氧等游离自由基,这些自由基在理论上可被诸如超氧化物歧化酶(SOD)、过氧化氢酶(CAT)等氧化酶系统所清除,亦可被含硒的谷胱 GSH - Px 所清除。假如能够证明植物体内确实存在且不可缺这种对硒表现出生理专一性的 GSH - Px,那么就可以进一步建立硒在植物体内的生物抗氧化机制。实际上,1962—1971 年,B. Neuber 和 L. Flo - he 等已接近于证实植物体内存在这种酶,但是 1979 年,J. Smith 和 A. Shift 试图在植物中测定这种酶的活性时失败。直到 1985 年,A. Drotar 等在植物组织细胞中检测到了 GSH - Px,从而开辟了证实高等植物硒营养必需性的新途径。1983 年,J. W. Anderson 和 A. C. Scarf 指出硒可能是植物体内运转核糖核酸(RNA)的必要组成,提供了证明硒是植物必需元素的另一种非经典途径。其中,硒的免疫机制和生物抗氧化作用,尤其是与癌症和衰老有关的生物自由基理论,成为揭示和研究硒对生物生理必需性的新起点。

一、富硒土壤的来源及发生情况

人为活动,例如采矿和使用含有大量硒的化肥、地下水和富硒母质的分解,是形成含硒土壤的主要原因。据报道,美国、加拿大、墨西哥、哥伦比亚、爱尔兰、澳大利亚和中国等国家的硒土壤浓度较高。土壤中硒含量直接受土壤矿物组成的影响。公共供水中硒的安全限值为 10 μg/L。过量使用化肥会增加地下水中硒的含量,在比利时已达到 0.12 μg/L,在法国为 2.4 ~ 40 μg/L,在印度旁遮普邦为 341 μg/L,而全球平均土壤硒浓度为 0.4 mg/kg。

二、植物中硒的吸收转运

(一)植物对硒酸盐的吸收转运

通常在碱性土壤和氧化性土壤中,硒酸盐的含量和生物有效性高于亚硒酸盐,在中性、酸性厌氧土壤或水生条件下亚硒酸盐较为常见。硒酸盐与硫酸盐是化学类似物,植物根系吸收硒酸盐后,通过硫酸盐转运蛋白(high - affinity sulphate transporters,HASTs)进入根细胞,并在植物中转运。目前已鉴定至少 14 个硫转运体基因,它们根据进化关系分为 5 组。硒酸盐转运蛋白对硒酸盐的吸收能力与转运蛋白类型、硒酸盐水平以及植物种类等有关,不同亲和性的硫酸盐转运蛋白对硒酸盐的选择吸收能力不同。

在鼠耳芥(arabidopsis thaliana)中,硫酸盐转运蛋白 SULTR1;1 基因在硫充足时对硒的转运贡献很小,但当植物生长硫缺乏时表达量升高,对硒的聚集能力也会显著增强。当组织中硒含量升高或者土壤中缺硫时,非聚硒植物和硒指示植物中 SULTR1;1 和 SULTR1;2 的表达量一般也随之升高。在超聚硒植物的根部组织中 SULTR1;1 和 SULTR1;2 都有组成型高表达,这也许就是其能够大量吸收硒的原因。Inostroza - blancheteau 等对比了聚硒植物和非聚硒植物硫酸盐转运蛋白的序列,发现聚硒植物双钩黄芪(astragalus bisulcatus)硫酸盐转运蛋白跨膜区 2 - a 螺旋的第 2 位甘氨酸(Gly)被丙氨酸(Ala)所取代,该位点被认为是硫酸盐转运蛋白最为保守的区域。因此,保守位点的突变有可能是导致硫酸盐转运蛋白对硫酸盐/硒酸盐选择专一性改变的原因。

植物采取主动吸收方式利用硒酸盐,这个过程需要能量驱动。目前,植物对硒酸盐的吸收机制研究比较完善,具体吸收过程如图 2 - 1 所示。

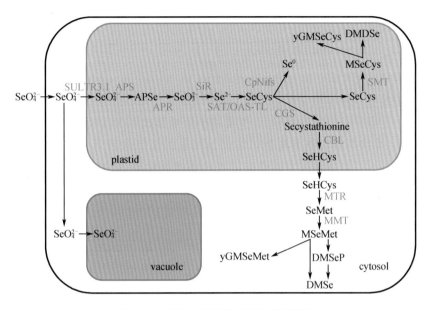

图 2 - 1　植物对硒酸盐的吸收代谢途径

(二)植物对亚硒酸盐的吸收转运

在大多数土壤中亚硒酸盐的生物可利用度通常低于硒酸盐,这是由于亚硒酸盐容易被铝和铁的氧化物/氢氧化物、有机物、黏土等强烈吸附。在土壤呈偏酸性及还原性强时,植物对亚硒酸盐的吸收也是普遍存在的。植物吸收亚硒酸盐主要通过磷转运、蛋白转运进行,该过程也是一种能量驱动的主动吸收。关于植物对亚硒酸盐的吸收机理,最初认为亚硒酸盐的转运是一个被动运输过程,而 Li 等的研究发现,呼吸抑制剂间氯苯羰氰化物(carbonyl cyanide m - chlorophenyl hydrazine, CCCP) 能够明显抑制植物对亚硒酸盐的吸收,减少磷酸盐的添加能够显著促进植物对亚硒酸盐的吸收,这说明植物吸收亚硒酸盐是主动运输途径。Zhang 等首次发现过量表达磷转运子 OsPT2 能够显著提高水稻根部对亚硒酸盐的吸收,亚硒酸盐与磷酸盐共用一个蛋白通道,它们之间是吸收竞争关系。植物对亚硒酸盐的代谢转化通路尚未明确,目前认为亚硒酸盐代谢转化通路和硒酸盐相同(图 2 - 1),区别在于亚硒酸盐借助磷转运蛋白进入植物体内。亚硒酸盐进入植物体的形态受 pH 的影响,当 pH 较低时(pH = 3.0),亚硒酸盐以中性分子 H_2SeO_3 的形式被植物吸收,但此时的吸收受水通道抑制($HgCl$、$AgNO_3$)抑制,不受呼吸抑制剂(2, 4 - dinitrophenol, DNP)明显抑制。在水稻中发现参与 H_2SeO_3 吸收的载体为硅转运蛋白 OsNIP2,该转运体为水通道蛋白家族成员。当溶液 pH = 5.0 时,亚硒酸盐主要以 $HSeO_3^-$ 的形式存在,此时呼吸抑制剂能够抑制亚硒酸盐的吸收。当植物磷缺乏时,水稻根部 OsPT2 缺失突变体对亚硒酸盐的吸收能力远低于野生型,OsPT2 基因表达量增加能显著提高植物吸收亚硒酸盐的能力。当溶液 pH = 8.0 时,亚硒酸盐的主要存在形态是 SeO_3^{2-},通过阴离子通道被植物吸收,但是阴离子通道抑制剂并不能显著抑制其吸收,这说明植物可能还存在其他的亚硒酸盐吸收途径。

(三)植物对有机硒的吸收转运

植物能够吸收有机硒,如 selenocysteine(SeCys)和 selenomethionine(SeMet)等。施用有机硒肥能够显著增加作物中硒的累积,多数植物对有机硒的吸收利用率要高于硒酸盐和亚硒酸盐。土壤中有机硒含量较低,主要以小分子形式存在,目前植物对有机硒的吸收机制尚不明确,邓坤等研究推测植物可能通过根系的蛋氨酸转运蛋白吸收硒代蛋氨酸。王琪等认为水稻根系可能通过水通道被动吸收硒代蛋氨酸,通过钾离子通道和水通道共同参与主动吸收硒代蛋氨酸氧化物。Tegeder 通过对鼠耳芥、水稻的研究,发现植物中负责吸收和转移半胱氨酸和甲硫氨酸的转运蛋白具有转运 SeCys 和 SeMet 的功能。

(四)高硒对植物的影响及植物自身解硒毒机制

高硒水平不利于植物的生长发育,但植物自身可以抵御高硒的毒害作用。在高浓度硒条件下,植物可以将 SeCys 转化为挥发性二甲基二硒(dimethyldiselenide, DMDSe)(Gupta and Gupta,2017),将 SeMet 转化成挥发性二甲基硒化物(dimethylselenide, DMSe),DMDSe 和 DMSe 最终会挥发到外部环境中,此外,植物可以通过硒代半胱氨酸酶将 SeCys 分解成元素丙氨酸和硒,来降低高硒毒性。

三、蔬菜中硒的类别

硒土壤可以与固相或土壤溶液结合,以游离离子的形式存在,或吸附到土壤胶体上。可溶性和可交换部分主要与植物吸收有关。在自然环境中,硒以不同的氧化态存在,即 +6、+4、0 和 -2 作为溶解的硒酸盐(SeO_4^{2-})和亚硒酸盐(SeO_3^{2-})。而在正常土壤条件下,硒以不溶性元素硒(Se0)、硒化物(Se^{2-})和有机硒化合物(三甲基硒离子、挥发性甲基硒化物和几种硒氨基酸)的形式存在(Elrashidi et al.,1989)。在通气良好的碱性好氧土壤中,SeO_4^{2-} 是硒的主要水溶性形式,而 SeO_3^{2-} 在厌氧土壤中占主导地位。SeO_4^{2-} 被认为是最具流动性和生物活性的,硒种类是因为它被铁和铝的氧化物/氢氧化物强烈吸收。从土壤到植物的硒可用性顺序如下:硒酸盐 > 硒代蛋氨酸 > 硒代半胱氨酸 > 亚硒酸盐 > 元素硒。硒在植物各化学组分间的分布也积累了一些数据。Yasamoto 用分步提取法研究了同位素硒 11 蛋白、7 s 蛋白、乳清蛋白间的分布,发现硒在乳清蛋白中单位质量浓度最高,而 7 s 蛋白中硒所占百分比最大(0.58 μg Se/g 蛋白,占总硒的 19.04%),而在余下两者(同位素硒蛋白)中较少(0.36 μg Se/g 蛋白,24.62% 和 0.35 μg Se/g 蛋白,56.34%)。Sathe 用类似的方法研究了富硫大豆中的硒分布,结果与前者相似。对硒在植物亚组织中的分布情况尚未见到研究报道,相信随着研究的深入,将有研究者进入这一领域。植物中的硒有多种形态,主要是有机硒和无机硒,也还存在少量的单质硒和挥发性硒的形式。单质硒、挥发性硒、硒酸盐、硒代氨基酸、硒多糖、硒蛋白、Se - tRNA 在植物中的存在已有报道,它不仅存在于聚硒植物，而且也存在于非聚硒植物。

刘为等利用高效液相色谱－氢化物发生－原子荧光光谱联用技术测定富硒绿花菜中不同溶解性蛋白组分中硒代氨基酸形态及分布情况。富硒绿花菜的有机硒主要以 SeCys2 和 SeMet 为主，MeSeCys 次之，前二者在清蛋白和谷蛋白组分中的分布较一致且约占有机硒含量的 36%，但在球蛋白和醇溶蛋白组分中均以 SeMet 形式存在，相对含量最高达 60%，其次为 SeCys2，约占有机硒含量的 34%。富硒绿花菜中存在极少量的 SeEt，约占有机硒含量的 5%。

尽管植物根部可以吸收有机形式的硒 SeMet，但它们吸收的硒的主要形式是硒酸盐和亚硒酸盐。硒酸盐和亚硒酸盐都是水溶性的，但亚硒酸盐对土壤中的羟基氧化物具有亲和力。一般认为叶面喷施硒肥的富硒效果是土壤施加硒肥的 8 倍，叶面喷施效率高的原因是：

（1）喷施一般在植物生长后期，吸收和同化速率快；

（2）降低了根冠比对硒元素向植物可食用部位转运的影响；

（3）避免硒被土壤吸附固定而造成损失。

土壤施加硒肥后，大部分硒被土壤保留和固定，只有约 12% 的硒会被植物吸收利用，而且对后续作物富硒效率较低，需要对土壤硒进行活化后才能提高植物吸收效率。Skrypnik 发现，在营养液中添加或叶面喷施硒酸钠均能够增加甜罗勒叶片中的硒含量，其中在营养液中施加硒酸钠的效果好于喷施处理。Liu 通过喷施和土壤施加硒肥处理油茶，研究发现两种方式均能显著增加果仁、果壳和种壳硒含量，喷施硒时果实硒含量最高，而土壤施硒时种壳硒含量最高。

四、生物利用度和潜在风险

有机硒更容易被人体吸收。成人硒的推荐膳食允许量（RDA）为 55 μg/d，而成人的最高可耐受营养水平（UL）设定为 400 μg/d。饮食是硒的主要暴露途径，因此一般人群的硒状况高度依赖于饮食。在印度富硒土壤中生产的水稻硒含量为 4.83~8 mg/kg。显然，不同地理区域的硒膳食摄入量存在很大差异。通过估计印度和中国的大米每日硒摄入量（EDI）分别为 0.009~0.588 μg/kg（体重）和 0.125~0.208 μg/kg（体重）。在人体中，硒缺乏会导致克山病和白肌病，而硒摄入过多会引发健康问题，如脱发，指甲、皮肤损伤，神经系统障碍和瘫痪。

人为作用在进一步地加剧土壤植物－动物－人类系统中与金属（As、Cd、Se、Hg 和 Pb）相关的健康问题。因此，了解金属变化机制及其在不同水稻中的分布对于提出有效的策略来减小其有害影响非常重要。与这些金属物质相关的人类健康威胁不仅仅因为它们存在于岩石、水和土壤中，在某种程度上，这些更多地与它们在植物中的吸收和分布有关，并取决于它们在土壤中的可用性和物种形成。

第二节　国内富硒蔬菜的研究进展

中国预防医学科学院营养与食品卫生研究所杨兴析教授的研究成果中的几个重要参数被联和国粮食及农业组织(FAO)、世界卫生组织(WHO)、国际原子能机构(IAEA)所采用。

(1)硒的最低需要量(以预防克山病发生为界限):17 μg/d(全血硒约0.05 μg/mL);

(2)硒的生理需要量(以硒的生物活性形式GSH–Px在血浆中达到恒定饱和为正常生理功能指标):40 μg/d(全血硒约0.1 μg/mL);

(3)硒的界限中毒量(指甲变形):800 μg/d(全血硒约2 μg/mL)。

由此建议推荐膳食硒供给量范围为每日50~250 μg(全血硒为0.1~0.4 μg/mL);膳食硒最高安全摄入量为每日400 μg(全血硒约达0.6 μg/mL)。1993年5月在济南举行了硒在生物和医学中的研究和进展国际学术研讨会之后,1996年又在北京举办了第六届同主题的国际学术研讨会,这说明了中国硒研究领域在国际上有了重要影响,并有很高的地位。硒缺乏使机体IDI活性下降。缺碘同时缺硒比单纯缺碘更能使甲状腺机能处于低状态。硒缺乏还能间接使垂体和大脑中二型脱碘酶(ID2,不含硒)活力及T3下降,并引起生长激素分泌减少。因此,缺硒对机体能产生多方面的影响。关于硒的生物利用率的研究表明,不同形式、不同来源的硒化物在不同机体中代谢途径是不完全相同的,用不同的评价和监测硒生物利用率的方法所测得的生物利用率数据差别较大,说明硒在机体中的代谢是很复杂的。因此,要根据不同的目的和要求来选用衡量硒营养状态的指标。从营养角度讲,提高膳食中硒的摄入量既可维持机体中硒的生物功能,又可使机体中的硒有一定储备。硒化物预防肿瘤实验研究方面已有许多资料。经典的化学学科认为硒化合物有毒,而现今实验却证实硒具有防癌、抗衰老、拮抗有毒元素等营养功能。

在硒预防克山病取得成效及人群硒的最低需要量、生理需要量和最高安全剂量被确定后,对硒的生物学功用及机理研究也在逐步进行。硒能保护体外培养的缺氧缺血心肌细胞结构和功能的完整性。关于硒作为活性氧自由基清除剂和催化剂的研究表明,硒化合物能清除脂质过氧自由基和羟自由基,从而保护细胞膜功能及预防细胞的坏死和突变。硒与胰腺功能关系的研究证明,缺硒动物补硒后,血清及胰腺组织胰岛素水平升高,说明硒能影响胰岛素的合成和分泌。继克山病和大骨节病的研究之后,关于硒对肿瘤作用的研究有不少报道。硒可影响癌细胞基因的表达和调控,在癌症高发区采用硒干预获得良好的防癌效果。流行病学调查结果表明,血硒水平与胃癌、食管癌的死亡率呈负相关。硒作为治疗癌症的佐剂,可减轻顺铂(DDP)对肾的毒性,补硒使采用DDP治疗的癌症患者尿或血中β微球蛋白下降50%以上。硒通过对外体活化的抑制,使危重型出血热患者的死亡率下降到对照组的36%。妊娠高血压综合征患者补硒后在降低血压、清除水肿以及预防尿蛋白等方面均起到良好的作用。总之,硒的临床应用研究有着广阔的前景。硒与其他营养素如碘、维生素 C、某些氨基酸等关系方面的研究无论是在基础理论还是在实际应用方面都很有价值。在临床应用中首先要重视应用剂量问题,硒作为一种人体必需的微量元素,缺乏和过量都会对健康产生不良作用,所以,临床应用中的剂量适宜是非常重要的。天然富硒食品对保健的作用的研究也有着广阔的前景。希望研究人员在今后硒的基础研究和临床应用中,加强多学科的密切合作,争取做出更多的成绩,以造福于人民。

目前大家在以下几个方面取得了一致。一是硒为人体必需的微量元素之一,在人体内发挥着重要的作用,缺硒会导致人体某些功能的丧失及人体对外界适应能力的减弱(图 2－2);二是硒在抗肿瘤、提高机体免疫力、抗衰老和心血管疾病、防止克山病和骨节病方面,从机理上已研究得比较清楚;三是硒保健食品发展很快,尤其国内市场上出现了许多硒方面的保健食品,但是目前尚缺乏富硒食品标准,市场上不同产品之间相差十几倍甚至几十倍,应尽快制定出相关标准;四是硒为人体必需的微量元素,但摄入过量,尤其是无机硒对人体的毒性是很大的,利用生物体富硒生产富硒保健食品是一种安全、高效的生产途径。

图 2－2 缺硒引起机体的病变

一、富硒蔬菜的研究现状

(一)蔬菜中硒的含量及分布

蔬菜中硒的含量以及分布的位置存在差异,不同种类的蔬菜硒的含量不同,同种蔬菜的不同位置硒的含量也不同。根茎类蔬菜的硒含量要高于叶菜(如蒜、胡萝卜等要高于生菜、菠菜、小白菜等),叶菜的硒含量要高于果菜(如菠菜、生菜、白菜、油菜等叶菜要高于番茄、茄子、黄瓜等果菜)。因此,不同类型的蔬菜的可食用部分硒含量的排序为:葱蒜类 > 白菜类 > 绿叶菜类 > 豆类瓜类 > 薯芋类 > 茄果类。经硒处理后的番茄根系能够很快将硒吸收,并从根系经维管束输送至番茄植株的各个器官,番茄根系吸收硒元素的时间越长,硒的吸收量和输送量越多,因此在蔬菜营养生长期蔬菜各部位含硒量为根 > 茎 > 叶,在进入生殖生长期后蔬菜各部位含硒量为根 > 果实 > 花 > 茎 > 叶。

(二)不同土壤类型和硒肥种类对蔬菜中硒吸收的影响

土壤中的有机硒、硒酸盐和亚硒酸盐等有效态的硒可供蔬菜吸收和利用。在不同类型的土壤中,有效态的硒由高到低的顺序为:棕壤土、褐土、潮土。土壤中的硒分布及有效性受土壤酸碱度及其氧化还原状态影响,土壤对硒的吸附固定能力随土壤酸碱度的增强而提高。我国的硒资源较为丰富,但分布十分不均。根据硒的形态,硒肥可以分为无机态硒肥和有机态硒肥两大类。无机态硒肥主要包括硒矿粉、富硒复合肥和亚硒酸钠等;有机态硒肥主要是富含硒的腐植酸。无机态硒肥多为化工产品,肥料中的总硒含量虽高,但有效硒含量较低。

聂川在土壤栽培条件下通过向不同蔬菜供给一系列浓度的硒酸盐/亚硒酸盐,比较了大蒜品种间不同价态硒的吸收动力学。主要的研究结果如下:低浓度的稀酸盐/亚硒酸盐可以提高蔬菜的生物量,蔬菜对硒的累积随外源硒浓度(小于 1.0 mg/kg)的升高而增加,二者呈显著线性相关。硒酸盐对蔬菜的有效性比亚硒酸盐高,添加硒酸盐的大白菜可食用部位中的硒最高含量达到 90.94 mg/kgDW,但添加亚硒酸盐的,其最大值仅为 3.82 mg/kgDW。大蒜可食用部位在添加硒酸盐和亚硒酸盐后硒的最高含量分别为 41.46 mg/kgDW 和14.46 mg/kgDW。这说明硒酸盐在大蒜体内的迁移量比亚硒酸盐大。就大蒜从土壤中吸收的总硒而言,添加 1.0 mg/kg 硒酸盐,大蒜根部只有 21.5% 的硒,其余78.5%的硒转移到地上部。添加 1.0 mg/kg 亚硒酸盐,大蒜根部有 40.3% 的硒,转移至地上部的硒只占59.7%。

在吸收动力学试验中,大蒜根部对亚硒酸盐的吸收速度显著高于硒酸盐。金蒜 1 号、金蒜 2 号、徐州白蒜和四川大蒜根部对亚硒酸盐的最大吸收速率分别为 74.96 nmol/g、63.37 nmol/g、57.94 nmol/g、71.53 nmol/g,对硒酸盐的最大吸收速率分别为 6.28 μmol/g、8.09 μmol/g、8.52 μmol/g、7.45 μmol/g。但不同品种的大蒜对硒酸盐和亚硒酸盐的亲和力差异较大,金蒜 1 号、金蒜 2 号、徐州白蒜和四川大蒜根部对亚硒酸盐的亲和力分别为 0.24 mol/L、0.19 mol/L、0.39 mol/L、0.28 mol/L,对硒酸盐的亲和力分别为 0.01 μmol/g、

0.40 μmol/g、0.39 μmol/g、0.11 μmol/L。结果表明,大蒜植株对硒,尤其是对亚硒酸盐的吸收能力是最强的。

(三)不同施用方式对蔬菜硒吸收的影响

植物的根部和叶片均可以吸收硒,当土壤硒含量低时,植物通过根部吸收的硒会直接积累在根部,很少往地上部运转。在对提高蔬菜中硒的含量研究中,对叶面喷施有机富硒肥可以有效增加蔬菜中的硒含量。研究发现,在青花菜、胡萝卜、番茄、西瓜等瓜菜上喷施硒肥,可以有效地提高瓜菜中的硒含量,外界喷施硒的浓度与瓜菜中硒的含量呈正相关。在对芽菜上喷施硒肥时,芽菜上硒的含量随着硒肥浓度的增加而增加;小白菜的硒含量随着硒肥浓度的增加而增加。

(四)不同调控剂对蔬菜中硒吸收的影响

不同调控剂对植物硒的吸收存在一定影响。调控剂在富硒农产品生产中的作用不可忽视,有利于生产高质量、安全型富硒农产品。目前,大多数调控植物硒含量的调控剂作用原理主要是依靠不同离子与硒元素间的拮抗或协同作用。赵文龙等人研究发现高浓度磷可以抑制硒从根部向地上部的转移。张木等对小白菜施加钼、硒处理发现,钼、硒相互作用既可以增加钼与硒的含量,又可以提升营养品质。

(五)不同基因型蔬菜品种对硒的吸收能力不同

不同基因型的结球甘蓝对硒富集能力不同。袁伟玲等以长江中下游甘蓝主产区的18个结球甘蓝主推品种为试验材料,叶面喷施生物有机硒,比较不同基因型结球甘蓝的富硒能力。结果表明:与不施硒的试验材料对照相比,喷施生物有机硒对结球甘蓝单株产量、地上部硒含量、单株硒累积量和硒利用效率等指标的影响均存在差异。叶面喷施600 mL/667 m² 生物有机硒效果最好,18个结球甘蓝品种的平均单株产量较对照试验材料增加9.01%,其中春秋50甘蓝的增产幅度最大;地上部硒含量、单株硒累积量较对照试验材料分别增加了27.58倍、36.69倍;硒利用效率为68.06%。聚类分析结果表明,参试甘蓝品种中有7个为硒高积聚品种,7个为硒中积聚品种,4个为硒低积聚品种。

二、硒与蔬菜生长发育的关系

(一)硒对蔬菜生长发育的影响

硒肥可以促进蔬菜种子萌发,调节植株生长。但硒对蔬菜生长发育的作用因硒浓度、施加方式、蔬菜种类和采收时间而异。硒对蔬菜的种子和植株发育均起到调节作用,且这种调节作用与硒处理水平有关,适量或较低水平的硒对蔬菜生长起促进作用,高浓度的硒则抑制蔬菜生长。前人研究发现硒能促进蔬菜种子的萌发,并且这种促进作用与硒浓度有密切的关系,适宜浓度的硒处理蔬菜种子能促进萌发,浓度高时则对种子产生毒害作用。将番茄幼苗栽培到含亚硝酸钠的营养液中,结果表明溶液硒浓度低于0.1 mg/kg时促进幼苗生长,0.05 mg/kg时长势最佳,高于0.5 mg/kg时则抑制生长。对不同种蔬菜进行亚硝酸钠和硒酸钠胁迫硒吸收及运转结果表明,低含量的硒酸钠态硒(1.45 mg/kg)可促进4种蔬菜的根和茎的生长,增加其生物量,但过量的硒酸钠态硒(2.04 mg/kg)对蔬菜有明显的毒害作用,且硒酸钠的毒害作用大于亚硒酸纳。

(二)硒对蔬菜产量和品质的影响

施用硒肥能有效改善蔬菜的品质。在水培蔬菜中施用硒肥,能增加水培蔬菜茎叶中总糖、还原糖、叶绿素、维生素C的含量,提高蔬菜的品质;在胡萝卜生长过程中,叶面施用硒肥,能增加胡萝卜肉质根中的总糖、胡萝卜素、粗纤维的含量,提高胡萝卜产量。叶面喷施硒肥,不仅能增加蔬菜中糖的含量,也能增加氨基酸的含量;在种植生菜过程中,叶面喷施硒肥,可增加生菜叶中氨基酸、维生素C的含量;在结球白菜生长过程中,叶面喷施硒肥,可以增加必需氨基酸和氨基酸的总量,其中苯丙氨酸和精氨酸较对照试验材料分别增加1.0倍和2.5倍。由此可见,施用硒肥能增加蔬菜中氨基酸尤其是人体必需氨基酸的含量,从而促进蔬菜中优质蛋白质的合成。

(三)硒增加蔬菜植株的抗逆性

硒肥还能对土壤盐渍化、重金属等逆境胁迫产生一定的缓解作用。研究表明,在不同盐浓度下添加硒均能不同程度地减轻盐对生菜的胁迫作用,表现为生菜的植物生物量和茎粗的增加。在研究不同浓度硒对铅胁迫下豌豆幼苗生长发育的影响时发现,当硒浓度低于1.0 mg/L时能缓解铅的胁迫效应,当其浓度为10.0 mg/L时则同铅发生协同作用,加剧对豌豆苗的毒害作用。

(四)硒提升蔬菜中的活性成分

在"Food Research International"一文中饶申阐明了富硒栽培对绿花菜芥子油苷和黄酮的影响。试验以不同浓度的硒酸钠处理绿花菜,发现绿花菜体内硒含量随着外源硒处理浓度的升高而升高,在0.4 mmol/L硒酸钠处理下其总硒含量达到200 mg/kg干重,并含有较高含量的有机硒,主要是硒代蛋氨酸和甲基硒代半胱氨酸。0.4 mmol/L硒酸钠处理对绿花菜长势影响不明显,但显著增加了总芥子油苷的含量,以及3-甲基丁基硫苷、5-甲硫基戊基硫苷(葡萄糖苷)、4-甲硫基丁基硫苷(芝麻菜苷)、3-甲基亚磺酰丙基硫苷(屈花菜苷)、新葡萄糖芸苔素等芥子油苷组分的含量,降低了总黄酮的含量,也就是降低了异槲皮苷、橙皮素5-O-葡萄糖苷、绣线菊苷、原儿茶酸和没食子酸甲酯等18种黄酮物质的含量。

三、蔬菜的富硒方式

除了利用少量天然富硒土壤,实现富硒植物的开发之外,利用硒肥也是开发推广富硒产品的有效途径。通过人工施硒来增加作物中硒含量的方式有很多,无机硒是不能直接食用的,因此需要通过植物体转化成能被人食用有机硒,主要是通过给植物施加硒肥从而达到增加植物体内硒含量的目的。当前主要的施硒方法包括土壤栽培富硒法、叶面喷施富硒法、溶液培养富硒法和拌种富硒法。

(一)土壤栽培富硒法

土壤施硒是一种传统、简单的富硒方式。土壤施硒一般是在土壤中施用硒与磷钾肥的复合肥、煤灰或其他含硒物质。蔬菜对不同形态的硒(如硒酸盐、亚硒酸盐)有不同的活性吸收位点,因此根系对它们吸收和运转的机理不同。就 Se^{6+} 和 Se^{4+} 而言, Se^{6+} 为主动吸收,其在蔬菜体内的浓度超过其在外部环境中的浓度; Se^{4+} 为被动吸收,其吸收和积累情况都低于 Se^{6+} 。相比于亚硒酸盐,蔬菜根部更容易吸收和运转硒酸盐。

影响蔬菜对土壤中硒吸收的因素有很多,其中最重要的是硒的存在形式。硒的存在形式受土壤 pH 值影响,在 pH 值为 4.5 ~ 6.5 的土壤中,硒以一种难溶于水的亚硒酸盐的形式存在,蔬菜对其利用率很低;而在 pH 值为 7.5 ~ 8.5 的土壤中,硒以一种可溶于水的硒酸盐的形式存在,蔬菜对其有较高的利用率。土壤有机化合物的类型也会影响植物对硒的利用率,腐殖质的添加会降低蔬菜对土壤中的硒的利用率;而有机酸的添加,如草酸、柠檬酸将会提高土壤中硒的利用率。土壤的类型也会对蔬菜中硒的吸收产生影响,随着土壤中黏土含量的减少,蔬菜对硒的吸收量逐渐增加。另外,硫的存在也会影响蔬菜对硒的吸收,在低硒的土壤条件下,硒能替代蛋白质中的硫,故一些富硫能力强的蔬菜对硒也有较强的吸收能力。

(二)叶面喷施富硒法

通过叶面喷施有机硒或者无机硒的叶面肥,其中的硒元素可以从蔬菜的叶面转运到其他部位,但此运输硒的过程需要消耗一定的能量物质。喷施硒肥在蔬菜叶片上,会形成一个"外叶"到"内叶"的运输硒的通路。在此通路中,线粒体的活动增强,能量的消耗增多。蔬菜的生长阶段会影响叶面的喷硒效果,因此要求喷施富硒叶面肥要在蔬菜特定的生长阶段进行。此外,不同季节、不同肥料,同样会影响蔬菜对喷施硒肥的吸收和转化。

(三)溶液培养富硒法

在溶液中培养富硒的过程中,硒以阴离子的形式从培养液转移到蔬菜根部,再从根部转移到茎和叶等部位。硒在蔬菜内部的转移,与硒在土壤中的转移机理一致。但要注意,在蔬菜生长的不同阶段要根据需要调整相应的富硒营养液的浓度。

(四)拌种富硒法

拌种富硒可增加蔬菜体内硒的含量。由于硒与某些含硫氨基酸有一定的关系,在拌种富硒的蔬菜栽培中,硒含量随含硫氨基酸的增多而增加。

四、富硒蔬菜的标准

对于富硒食品中硒含量的标准,国家技术监督局颁布了《食品中硒限量卫生标准》(GB 13105—1991)。其中规定的食品含硒量(以硒计)分别为:成品粮≤300 μg/kg、豆类及制品≤300 μg/kg、蔬菜和薯类≤100 μg/kg、水果≤50 μg/kg、肉类≤500 μg/kg、鱼类≤

1 000 μg/kg、蛋类≤500 μg/kg、鲜奶≤30 μg/kg、奶粉≤150 μg/kg。同时还有《食品营养强化剂使用卫生标准》(GB 14480—1994)。其中规定的食品含硒量(以硒计)分别为:乳制品、谷类及制品为140～280 μg/kg,饮料及乳饮料50～200 μg/kg。这些标准为富硒农产品的研究开发提供了重要依据。

富硒食品多数采用亚硒酸钠(Na_2SeO_3),而 Na_2SeO_3 毒性较强,稍微过量就会引起中毒,因此国际上大力提倡用有机硒代替无机硒来补硒。有机硒毒性小、副作用少且安全剂量的范围较大,可达到20～200 mg/kg。实验证明大豆发芽过程中,在吸收水分的同时也大量吸收了溶解于水的 Na_2SeO_3,硒在豆芽中主要与蛋白质结合,以硒代蛋氨酸、硒代胱氨酸、硒代半胱氨酸和其他硒氨基酸及其衍生物的形式存在。豆芽有机硒属于硒的天然有机化,是利用植物种子发芽具有的同化无机硒的能力,将毒性较大的无机硒转化为毒性小的有机硒。过量食用有机硒,对于动物及生命体的毒性也是很大的。

中国营养协会及 FAO、WHO、IAEA 联合专家委员会1989年正式确定人体对硒的适宜摄入量为50～250 μg/d,相对安全血硒量为 1.0×10^{-7}～3.4×10^{-7} μg/d,安全剂量为400 μg/d,中毒剂量为800 μg/d。粗略估计,食用富硒蔬菜不会引起硒中毒。

富硒蔬菜含硒量须符合《食品中硒限量卫生标准》(GB 13105—1991)的要求。同时由于采取的是喷淋培育芽菜方法,在成品的处理上一定要尽量将无机硒除掉,可采取多次水洗方法去除无机硒。另外在芽菜富硒生产过程中也要有适当的保护,以防工作人员中毒。

五、富硒蔬菜中硒的检测方法

(一)荧光光谱法

荧光光谱法最先使用的试剂为 DAB,现在它已经被 DAN 所取代。荧光光谱法成功地应用于测定含硒约0.01 μg 的各种固体物质或水样。刘发敏等在茶叶中硒的测定中使用日立850荧光分光光度计,于激发波长436 nm、发射波长580 nm 处测定其荧光强度,测得茶叶中硒的含量为0.16～0.55 mg/g;周艳晖等在茶叶中硒的测定中采用了荧光光谱法,在激发波长360 nm、发射波长510 nm 处测定荧光强度。

(二)氢化物原子荧光法

胡家英采用氢化物原子荧光法测定富硒食品中的硒含量。样品经酸加热消化后,在6 mol/L 盐酸中将样品中的六价硒还原成四价硒,用硼氢酸钠($NaBH_4$)或硼氢酸钾(KBH_4)作还原剂,将四价硒在盐酸中还原成硒化氢(SeH_4),由载气(氩气)带入原子化器中进行原子化,在硒特种空心阴极灯照射下,基态硒原子激发至高能态,在回到基态时,发射处特征波长的荧光,其荧光强度与硒含量成正比,与标准系列比较定量。

(三)分光光度法

万左玺等在微菜含硒量的研究里指出,在酸性条件下,四价硒与3,3－二氨基联苯胺作用生成黄色络合物,在中性溶液中可以被甲苯萃取,在 420 nm 处有最大吸收。王娅用紫外 – 可见光分光光度法测定干薇菜中铁和硒的含量,用湿法消解(混合酸)干薇菜,以邻苯二铵盐酸盐为显色剂,在 335 nm 处测定硒的含量,配置硒标准曲线法进行测定。该方法具有操作方便、测定快速、灵敏度高、稳定性好等显著的特点。

(四)其他测定方法

王旗运用气相色谱法测定硒元素,张权等运用催化动力学法测定硒元素,孙立波等探讨了用高、液压相结合的荧光检测法测定生物样品中的硒,陈建华等还通过阳离子交换树脂分离 – ICP 光谱法测定茶叶中的微量硒。国外也有研究者采用氢化物 – 原子吸收光谱法(HG – AAS)、电感耦合等离子体 – 质谱法(ICP – MS)等方法测定微量硒。由于含硒元素的样品种类繁多,且每种测定方法都有其优缺点,所以应根据不同的分析样品,选择合适的测定方法。

第三章 富硒对蔬菜产量和品质的影响研究

我国居民摄硒量低，缺硒可能会对健康造成危害，因此提高植物中硒含量是很有必要的。有研究表明，茶叶是人体有效和安全的补硒来源，植物可以吸收土壤或者直接吸收叶片喷施的硒，经过代谢以有机硒形式贮存在植物体内，这比直接在膳食中添加无机硒更加安全可靠。适量的硒具有增加作物产量与增进作物品质的效果，但是过量的硒会对植物构成毒害，一般非硒植物含硒量大于 50 mg/kg 时，就会中毒，表现出生长缓慢、植株矮小、叶子失绿等中毒症状。

硒有促进蛋白质合成的作用。一方面硒以硒代含硫氨基酸如硒代半胱氨酸和硒代蛋氨酸形式直接参与蛋白质的合成，减少了游离氨基酸中半胱氨酸和蛋氨酸的含量；另一方面，硒是植物体内一种转运核糖核酸链的组成成分，具有转运氨基酸的功能，从而对其他氨基酸也有影响。据报道，较低浓度(低于 50 mg/L)的硒可以提高钝顶螺旋藻中硝酸盐还原酶的活力，有利于蛋白质的合成。

对大蒜、油菜、菠菜和花椰菜等的研究也显示，富硒处理对于植物体内维生素 C、可溶糖、脂肪酸、叶绿素等的含量均有一定的影响，但是影响程度并不一样。在研究中，随着亚硒酸钠溶液浓度的升高，菜心植株出现先增绿后失绿的现象；当浓度为 100 mg/L 时，叶绿素含量达到最高值，为对照试验材料的 1.3 倍，说明适当的施硒有助于菜心植株的光合作用和生长代谢，在甘蓝、大蒜、油菜中也有一样的现象；但更高浓度的硒处理会造成叶绿素含量的下降，尤其是当亚硒酸钠浓度大于 150 mg/L 时，菜心的生长受到抑制，同时黄化现象严重。

富硒植物中叶绿素的变化机理，可能与它和巯基的两个酶作用有关，富硒处理的绿豆苗中卟啉的生物合成，对 5 - 氨基乙酰丙酸的合成没有影响，但是抑制暗光条件下生长的豆苗的叶绿素合成；富硒处理抑制补充光条件下生长的绿豆苗胆色素原合成酶的活力，降低总叶绿素的含量。硒的浓度与胆色素原合成酶活力和总叶绿素含量的依赖关系表明胆色素原合成酶参与叶绿素的生物合成，抑制胆色素原合成酶的活力，从而影响叶绿素的合成。

适度的富硒处理可提高蔬菜的叶绿素和维生素 C 的含量，降低可溶性糖的含量。富硒处理可提高蔬菜中蛋白质的含量，但蛋白质的分子量分布和亚基分布无显著变化，各喷施处理组样品中总氨基酸相比对照组氨基酸来说按倍率增加，但是组成比例不变。游离氨基酸的变化趋势与总氨基酸相同。

硒处理可提高硒和叶绿素含量，但是大蒜富硒处理会降低类黄酮的含量，并且硒浓度和大蒜素之间存在强烈的负相关关系。但芸苔属蔬菜中硒含量增加,会造成异硫氰酸酯前体物质4－甲基亚磺酰丁基芥子油含量的降低,当培养液硒浓度提高到9 mg/L时,异硫氰酸酯的含量只有对照组的33%;高浓度硒含量的花椰菜中异硫氰酸盐的含量只有对照组的4%。硫代葡萄糖苷和苯酚含量降低,异硫氰酸酯和4－甲基亚磺酰丁基芥子油含量也显著降低,羟基桂皮酸甲酯的含量也大大降低了。也有人在富硒处理5种最常见的芸苔属植物——绿花菜、菜花、卷心菜、大白菜、甘蓝幼苗时发现,异硫氰酸酯的含量并未显著降低,每种芸苔属植物积累异硫氰酸酯的种类和数量不同。

　　蔬菜富硒的方式不同,硒的营养成分和硒的积累规律也不同。本章介绍了近年来在我国蔬菜富硒积累规律方面的研究,以备研究者参考。

第一节　叶面喷施硒肥对茄果类蔬菜产量及品质的影响

　　番茄,别名西红柿、洋柿子,茄科番茄属草本植物,富含丰富的维生素和多种氨基酸。番茄栽培适应性广、产量高,果实柔软多汁、酸甜可口,是蔬菜和水果,也是重要的蔬菜加工原料。蔬菜富硒营养价值丰富,口感良好。徐暄等的研究表明,番茄施硒肥后果实中可溶性固形物、维生素C、可溶性糖、糖酸比及可溶性蛋白含量基本高于对照组,并且大番茄品质提高效果好于小番茄。植物吸收硒的形态主要包括硒酸盐、亚硒酸盐和有机硒。

一、喷施外源硒对番茄果实硒含量及品质的影响

　　张一雯等以"普罗旺斯"番茄为试验材料,在叶面喷施不同浓度的硒酸钠来进行研究,目的是寻找适宜外源硒的喷施浓度,以符合国家富硒产品标准并生产出口感良好、价值丰富的口感型番茄产品,以满足高端人群对口感型番茄的需求。

(一)外源硒施用对番茄硒含量的影响

　　随着叶面喷施无机硒浓度的增加,番茄果实中的硒含量明显增加,各处理组与对照组的差异水平显著($P < 0.05$)。对照组(处理①)的硒含量未检出(检测结果来源于农业农村部谷物及制品质量监督检验测试中心)。当喷施无机硒的浓度为20 mg/L时(处理⑤),番茄果实中硒含量达到最高,两次采样均为0.110 mg/kg;喷施生物硒后硒含量明显增加,与对照组相比均达到差异显著水平($P < 0.05$),但高浓度的生物硒对番茄果实中的硒含量起抑制作用。喷施生物硒两次采样均为喷施10 mg/L(处理⑥)的番茄果实中的硒含量大于喷施20 mg/L(处理⑦)的番茄果实。总体来说,两次采样的番茄果实硒含量相差不大。这说明喷施外源硒番茄富硒效果明显,并可以保持蔬菜富硒效果稳定。没有施用外源硒的番茄(对照处理)硒含量未检出,而所有喷施外源硒的处理番茄硒含量都随着硒浓度的增加呈上升趋势。喷施外源硒的最佳浓度为15 mg/L Na$_2$SeO$_3$或者10 mg/L生物硒。而处理⑤虽然富硒效果最好,但蔬菜中硒含量超过富硒蔬菜的硒含量标准。因此

在田间应用中应注意外源硒的浓度不宜过高。

(二)外源硒施用对番茄硒富集能力的影响

生物富集系数(Bioconcentration factor,BCF)可作为判断作物硒吸收能力的指标,其大小反映了作物吸收富集硒的能力,喷施无机硒的番茄富集能力与喷施硒浓度呈正相关关系,喷施无机硒溶液浓度越高,番茄的硒富集能力越强,且各处理与对照组间均有显著性差异。喷施较低浓度生物硒的番茄硒富集能力比喷施高浓度生物硒的番茄稍强。通过比较,当喷施与无机硒同等浓度的生物硒时,番茄的硒富集能力明显低于喷施无机硒。无机硒喷施量为 20 mg/L 的番茄富硒能力最强。两次采样的对照处理番茄果实中的硒含量均未检出,可能是由于该品种的番茄本身对土壤硒的富集能力非常弱,只能通过外源施硒的方式提高其富硒能力。

(三)外源硒施用对番茄果实品质的影响

可溶性固形物是衡量果实品质的重要指标之一。喷施外源硒的番茄果实中可溶性固形物含量高于对照组,喷施无机硒番茄的可溶性固形物含量随浓度增加而增加,在喷施无机硒浓度为 20 mg/L(处理⑤)的第二次取样时,番茄果实中可溶性固形物含量达到最高,为 7.5%,是对照组的 1.36 倍。当喷施生物硒时,喷施浓度为 10 mg/L(处理⑥)时的番茄果实中可溶性固形物含量最高为 7.1%,是对照组的 1.16 倍。可溶性糖及维生素 C 含量都是评价番茄果实品质优质与否的重要指标。喷施外源硒的各处理番茄果实中的可溶性糖含量均明显高于对照组。随着硒浓度的增加,第一次采样番茄果实中的可溶性糖含量呈增加趋势,第二次采样番茄果实中的可溶性糖含量呈先增加后下降的趋势。喷施生物硒和无机硒浓度为 10 mg/L 时的番茄果实可溶性糖含量最高,分别为 4.88% 和 5.20%,是对照组的 1.10 倍和 1.20 倍。番茄果实中维生素 C 含量变化趋势与可溶性糖相近,无论哪一次取样,番茄果实中的维生素 C 含量随无机硒浓度增加呈上升趋势,随生物硒浓度增加呈下降趋势。处理③与对照果实中的维生素 C 含量相等,其余各处理间番茄果实中的维生素 C 含量均有显著差异($P < 0.05$)。当第一次取样喷施生物硒的浓度为 10 mg/L(处理⑥)时,番茄果实中的维生素 C 含量最高,为 252 mg/kg。番茄果实的可溶性糖及维生素 C 含量均不是外源硒的浓度越高越好,而是在低浓度或者中浓度范围内效果最佳,从番茄品质上说,不宜喷施高浓度外源硒。

二、不同硒源对番茄硒富集及抗氧化能力的影响研究

薛磊等(2019)在温室种植番茄品种"格瑞特",通过喷施不同浓度的亚硒酸钠和生物硒溶液对番茄进行处理,研究了不同硒源、不同浓度下番茄的积硒效应,并对番茄果实内酶的活性进行测定,探讨硒含量与酶活性的相关性,为生产适应现代生活的优质、鲜食富硒番茄提供科学依据。

(一)不同硒源、不同浓度和不同采样时间对番茄果实中硒含量的影响

对采集的番茄样本进行硒含量的测定,得到不同硒源、不同水平的硒处理番茄植株后

的番茄果实总的硒含量。试验结果表明,不同硒源和不同浓度的硒处理,不同程度地影响番茄果实中的硒含量,喷施亚硒酸钠和生物硒两种硒源均可增加番茄果实中的硒含量,尤其是喷施硒浓度为 100 mg/L 时。当硒源为生物硒时,可明显提高($P < 0.01$)番茄果实中的硒含量。喷施单一硒源时,根据番茄的生长周期,28 天时取样,番茄果实中的硒含量最高。综合以上结果,在番茄第一节位果实开始变红后,喷施 100 mg/L 的生物硒,28 天采收获得的番茄果实硒含量最高,番茄果实中的硒含量有显著提升,硒的吸收率和转化率也最高。研究证实,有机硒可以直接参与蛋白质的合成,转化后留在体内,然后通过机体的新陈代谢功能排出体外。这也充分证明有机硒的转化率远远高于无机硒的转化率。试验结果得出,番茄喷施硒浓度为 100 mg/L 时且硒源为生物硒时,番茄果实中的硒含量增加得最为显著($P < 0.01$)。

(二)番茄果实中抗氧化酶活性与番茄果实中硒含量的相关性研究

番茄果实中的硒含量与过氧化物酶、超氧化物歧化酶的活力均为显著正相关,相关性系数分别为 0.676 和 0.568,与过氧化氢酶的活力几乎无相关性,相关性系数为 0.001。张彩虹等关于硒对番茄幼苗叶片在低温胁迫下抗氧化系统的影响的研究表明,施用硒肥有效提高了叶片中 GSH 的含量,同时提高了 SOD、POD、CAT 和 APX 的活性。刘华山的研究表明,施用浓度大于 2 mg/L 时,番茄叶片的 SOD 酶活性增加,适量的硒会引起 SOD 活性降低,但 SOD 酶的活性在硒施用较长时间并且较大浓度时会显著增加。结果表明,随着番茄果实中的硒含量的增加,番茄果实中过氧化物酶与超氧化物歧化酶的活性均增强,然而过氧化氢酶的活力没有显著变化。

三、叶面喷施硒肥对番茄富硒及产量的影响

李冠男等用"金棚 10 号"番茄为试验材料,供试硒源以亚硒酸钠(Na_2SeO_3)为主,试验在 2019 年 5 月至 2020 年 7 月在甘肃农业职业技术学院和平校区试验基地进行。番茄的定植密度设置为 55 cm × 35 cm,采集方法是当番茄结实之后,间隔 15 天分 3 次来完成相应的果实采收。

由于番茄叶面喷洒的硒量不断增加,番茄果实中全硒、无机硒以及有机硒的含量也随之升高,但随着喷施硒质量浓度的不断增加,有机硒的转化率会出现一定程度的降低(表 3 - 1)。通过施硒处理之后的番茄果实的各个形态中含硒量均大于对照组,各硒质量浓度处理也与对照组存在明显的差异,在番茄果实中,无机硒的增长速度相对较快。利用质量浓度为 100 mg/L 的硒进行施洒时,番茄果实中各种形态的硒含量都相对较高。

表 3 – 1   叶面喷施硒(Na_2SeO_3)对番茄中各个形态硒含量以及转化率的影响

处理	全硒含量/($\mu g \cdot kg^{-1}$)	无机硒含量/($\mu g \cdot kg^{-1}$)	有机硒含量/($\mu g \cdot kg^{-1}$)	转化率/%
CK	5.24e	0.04d	5.19d	98.9a
I	7.24d	0.17c	7.11c	97.1a
II	10.11c	0.69b	9.38c	92.8b
III	18.43b	1.87b	16.59b	90.1b
IV	50.09a	9.72a	40.21a	80.2c
VI	53.28a	11.85a	41.27a	77.4c

当施硒质量浓度不断增加时,番茄的产量也随之显著提高,当硒质量浓度增加到 1.0 mg/L 时,其产量大约能够增涨 1.15%。当硒质量浓度处理增加到 100 mg/L 时,其会出现一定的减产现象,减产幅度大约为 6.29%,产量的增加与减少之间的差异都不存在显著性。当硒质量浓度继续增加时,硒过量就会出现明显的毒害作用,如番茄株出现变矮、新叶生长速度缓慢等现象,硒质量浓度越高,毒害作用越大。由此可知,施硒质量浓度具有一定的临界值,当施硒质量浓度低于临界值时,其对番茄产量起到一定的促进作用,当施硒质量浓度高于临界值时,其对番茄产量起到一定的抑制作用。

四、番茄根施硒肥对硒富集和产量的影响

(一)试验方法

5 种硒元素肥料为亚硒酸钠粉末、竹荪富硒肥、特效螯合硒肥、硒矿物有机肥、天然矿物质硒肥。种植品种选用"豫番茄 1 号"。试验在天津农学院园艺系的日光温室进行。试验设计为无土栽培盆栽,为减少干扰,试验选择温室正中位置来减少误差。试验用基质(蛭石和珍珠岩以 2∶1 的比例混合配制而成)置于盆中,硒元素肥料按照国家规定的富硒土壤标准 0.4 mg/kg 以掺混的方式加入基质。试验设计是 1 组对照(基质中无硒肥)和 4 组处理,每种处理种植 2 株番茄幼苗,3 次重复。试验设计以日本山崎番茄配方制成营养液,不含硒元素。

番茄生殖生长末期,在相同条件下测量每组处理番茄植株叶面积、节间长、株高、茎粗、果实质量、果形指数和果实可溶性固形物含量,并在天津市地质矿产测试中心进行硒元素含量检测及分析。对试验数据进行方差分析,绘制相关图表。

(二)结果与分析

各硒肥种类对番茄生长情况的影响见表 3 – 2。施天然矿物质硒肥的番茄平均叶面积、果形指数最小,施竹荪富硒肥的番茄平均叶面积、果形指数最大。而天然矿物质硒肥处理的番茄株高和单果重都明显高于对照组,呈最优状态。对于茎粗和第三节间长来说,施用硒矿物有机肥能够达到最佳状态。

表 3 – 2　各硒肥种类对番茄生长情况的影响

	叶面积/cm²	株高/cm	茎粗/cm	第三节间长/cm	单果重/g	果形指数/%
对照	498	85	0.86	4.2	69	92.5
竹荪富硒肥	600	87	0.71	4.4	84	94.7
天然矿物质硒肥	446	100	0.6	5.4	89	87.9
特效螯合硒肥	461	87.5	0.86	5.2	87	94.1
硒矿物有机肥	537	89.5	0.9	5.5	69	94.1

　　各硒肥种类对番茄可溶性固形物和硒含量的影响见表 3 – 3。不同硒肥使番茄可溶性固形物含量出现差异,其中对照番茄果实可溶性固形物含量最低,施竹荪富硒肥的番茄果实可溶性固形物含量最高。同时,施用不同硒肥使番茄的硒含量造成差异,从富硒效果看,天然矿物质硒肥 > 硒矿物有机肥 > 特效螯合硒肥 > 竹荪富硒肥。

表 3 – 3　各硒肥种类对番茄可溶性固形物和硒含量的影响

	可溶性固形物含量/%	硒含量/(mg·kg⁻¹)
对照	2.9	0.04
竹荪富硒肥	4.8	0.01
天然矿物质硒肥	3.9	0.21
特效螯合硒肥	3.2	0.07
硒矿物有机肥	4.1	0.10

　　由表 3 – 4 可看出,F 测验结果是,$F > F_{0.01}$,说明 5 种硒肥处理后的番茄可溶性固形物含量之间存在差异极显著,须做多重比较。

表 3 – 4　各硒肥种类和番茄可溶性固形物含量的方差分析

变因	SS	d_f	2	F	$F_{0.05}$	$F_{0.01}$
处理间	13.175	4	3.294	8.405	2.76	4.18
误差	9.797	25	0.392	—	—	—
总差异	22.972	29	—	—	—	—

　　由表 3 – 5 可知,竹荪富硒肥处理番茄可溶性固形物含量最高,与天然矿物质硒肥和硒矿物有机肥之间差异不显著,与对照组和特效螯合硒肥间差异均极显著;其次为特效螯合硒肥,与硒矿物有机肥差异显著,与天然矿物质硒肥差异不显著,与对照组差异不显著;可溶性固形物含量最低的为对照组,与天然矿物质硒肥差异显著。

表 3 - 5　各硒肥处理番茄平均可溶性固形物含量的显著性测验结果

硒肥	平均数/%	$\alpha = 0.05$	$\alpha = 0.01$
竹荪富硒肥	4.8	a	A
硒矿物有机肥	4.1	a	AB
天然矿物质硒肥	3.9	ab	AB
特效螯合硒肥	3.2	bc	B
对照组	2.9	c	B

(三)结论

各种硒肥在 0.4 mg/kg 的土壤施硒量下无法达到显著促进番茄生长发育的目标。天然矿物质硒肥虽然使番茄富硒效果最佳,但整体效果不是最优的。竹荪富硒肥虽使番茄富硒变差,但其对于番茄可溶性固形物含量积累有极显著的促进作用。试验中的亚硒酸钠强烈抑制了番茄的生长发育,未能使番茄健康良好生长。继续探索这 3 种硒肥的不同土壤硒含量梯度下番茄生长势态的变化和其他元素对蔬菜硒富集作用的影响,并且做大面积试验示范,最终使蔬菜富硒并将硒含量控制在范围内。此次试验中的特效螯合硒肥和硒矿物有机肥没有达到显著促进果菜类蔬菜的生长发育的目标,但是其有增加番茄产量和令番茄富硒的作用,因此可以尝试用于生产中。综上所述,确定在此次试验中的 5 类硒肥施入土壤的用量是未来使蔬菜合理富硒所需要研究的重要内容。

五、辣椒在不同施硒水平下硒积累规律

辣椒是我国主要的经济作物之一,在农业生产及农民增收中占有重要的地位。富硒辣椒营养丰富,销售价格较高,且具有较高的医疗保健价值,深受广大消费者和种植户的喜爱。国内针对辣椒富硒研究的报道较少,因此研究提高辣椒果实硒含量的方法对于提高辣椒的经济价值具有重要意义。试验拟研究硒肥用量对辣椒生物量、各器官硒含量、硒累积量和硒利用率等的影响,以期为生产优质高产的富硒辣椒提供理论依据。

余小兰等(2021)以“辣丰新辣王”辣椒为试验材料。供试肥料:尿素(N≥46%)、过磷酸钙($P_2O_5 \geq 16\%$)、硫酸钾($K_2O \geq 51\%$)、硒酸钠(Se = 42%)。试验在海南省澄迈县进行。辣椒各部位硒含量测定参照《食品安全国家标准食品中硒的测定》(GB 5009.93—2010)方法。

(一)不同施硒处理对辣椒产量的影响

与不施硒肥相比,施用硒肥 5 ~ 10 kg/hm² 下产量变化不大,施用硒肥 15 ~ 20 kg/hm² 下产量显著增加,但在 3 个较高硒肥用量(15 kg/hm²、20 kg/hm²、25 kg/hm²)处理间,其产量没有显著差异。

(二)不同施硒处理对辣椒各器官硒含量的影响

随着硒肥施用量的增加,除开花坐果期果实硒含量在硒肥施用量为 15 kg/hm²、20 kg/hm² 时显著高于其他处理组外,其他不同生育时期辣椒各部位硒含量均呈先升高后降低的趋势,且在硒肥施用量为 20 kg/hm² 时达到最大。增施硒肥后,不同生育时期辣椒各器官硒含量均显著增加,随着辣椒生育期的延长,辣椒各部位对于硒的吸收能力亦增强,但是高浓度的硒可促使作物体内过氧化作用占主导地位,从而对辣椒产生一定毒害作用,影响辣椒的生长及对硒的吸收。

花芽分化期,在不同硒肥处理下,不施硒肥和硒肥施用量为 5 kg/hm² 时根、茎、叶硒含量变化不大,在施用硒肥 10 ~ 20 kg/hm² 时显著增加,硒肥施用量为 25 kg/hm² 时相比 20 kg/hm² 时又显著降低,但叶片硒含量在硒肥施用量为 10 kg/hm²、15 kg/hm² 时没有显著差异。与不施硒肥相比,施用硒肥能显著增加花芽硒含量,且随着硒肥施用量(5 ~ 20 kg/hm²)的增加显著增加,但硒肥施用量过高(25 kg/hm²)时则相比 20 kg/hm² 处理组又显著降低。相同硒肥处理下,Se0 处理根系的硒含量显著高于其他器官,而 Se5、Se10 处理花芽中硒含量最高,Se15、Se20、Se25 处理叶片的硒含量最高。

开花坐果期,在不同硒肥处理下,与不施硒肥相比,施用硒肥能显著增加根、茎、叶、果实硒含量,且随着硒肥施用量(5 ~ 20 kg/hm²)的增加而显著增加,硒肥施用量过高(25 kg/hm²)时则相比 20 kg/hm² 处理组又显著降低,但根、茎、叶硒含量在硒肥施用量为 5 kg/hm²、10 kg/hm² 时没有显著差异,果实硒含量在硒肥施用量为 5 kg/hm²、10 kg/hm²,以及施用量为 15 kg/hm²、20 kg/hm² 时没有显著差异。与不施硒肥相比,施用硒肥能显著增加花芽硒含量,且在硒肥施用量为 20 kg/hm² 时达到最大,不施硒肥和硒肥施用量为 10 kg/hm² 时花硒含量变化不大,硒肥施用量为 5 kg/hm²、15 kg/hm²、20 kg/hm² 时,花硒含量显著增加,硒肥施用量为 25 kg/hm² 时相比 20 kg/hm² 时又显著降低。相同硒肥处理下,Se0 处理花的硒含量显著高于其他器官,而 Se5 处理根、叶、花芽的硒含量显著高于茎和果实,Se10 处理根、茎、叶的硒含量显著高于其他器官,Se15、Se20 叶片硒含量最高,Se25 花芽硒含量最高。

收获期,不同硒肥处理下与不施硒肥相比,施用硒肥能显著增加根、茎、叶、花芽、花、果实硒累积量,且随着硒肥施用量(5 ~ 20 kg/hm²)的增加而显著增加,但硒肥施用量过高(25 kg/hm²)时则相比 20 kg/hm² 处理组又显著降低。相同硒肥处理下,Se0 处理茎的硒累积量最高,Se5 处理茎和果实的硒累积量显著高于其他器官,Se10 处理果实的硒累积量最高,其次为茎,Se15、Se20 处理茎的硒累积量均显著高于其他器官,Se25 处理叶片的硒累积量最高。

(三)不同施硒处理对辣椒各器官硒累积量的影响

随着硒肥施用量的增加,各生育期辣椒不同器官硒累积量呈先增加后降低的趋势,且在施硒量为 20 kg/hm² 时达到最大,之后随硒肥施用量的增加而降低。增施硒肥后,不同生育时期辣椒各器官硒累积量均显著增加,这可能是辣椒的生物量增加和辣椒为硒积聚作物导致的。

花芽分化期,在不同硒肥处理下,与不施硒肥相比,施用硒肥能显著增加根、茎、叶、花芽硒累积量,且在硒肥施用量为 20 kg/hm² 时达到最大,但硒肥施用量过高(25 kg/hm²)时则硒累积量相比 20 kg/hm² 时又显著降低。相同硒肥处理下,Se0 处理根的硒累积量最高,其次为叶片,茎和花芽之间无显著差异。Se5 处理花芽硒累积量最高,其余依次为叶片、茎、根。Se10 处理叶片和花芽中硒累积量最高,依次为茎和根。Se15、Se20、Se25 处理叶片的硒累积量最高,其余依次为花芽、茎、根。开花坐果期,在不同硒肥处理下,与不施硒肥相比,施用硒肥能显著增加根、茎、叶、花芽、花、果实硒累积量,除花芽、花硒累积量在 Se10 处理下显著低于 Se5 处理外,其他部位均随着硒肥施用量(5～20 kg/hm²)的增加显著增加,但硒肥施用量过高时(25 kg/hm²)则相比 20 kg/hm² 处理组又显著降低。相同硒肥处理下,Se0 处理根的硒累积量最高,而 Se5、Se10、Se15 处理均在果实中累积量最高,Se20 处理叶片的硒累积量最高,Se25 处理叶、花芽、果实的硒累积量显著高于其他器官。

(四)收获期不同施硒处理对辣椒硒分配率及利用率的影响

与不施硒肥相比,施用硒肥能显著提高辣椒果实硒分配率,且在硒肥施用量为 10 kg/hm² 时达到最大。硒肥利用率则随硒肥施用量的增加呈先增加后降低的趋势,且在硒肥施用量为 20 kg/hm² 时达到最高,为 0.12%。

(五)不同施硒处理对辣椒果实硒安全性的影响

本研究条件下以硒肥施用量为 20 kg/hm² 为宜,其辣椒产量、硒含量、硒累积量及硒肥利用率均显著高于其他处理组,此时辣椒果实硒含量为 42.3 mg/kg,故建议健康成人每天食用 1.42 g 干辣椒,即可达到推荐补硒水平,且最高食用量不宜超过 9.47 g/d。

第二节 外源硒对西瓜产量和品质的影响

一、富硒西瓜生产中硒富集特性的初步研究

李秀启等(2022)以河南鼎优农业科技有限公司的"秀都""美都""麒麟",中国农业科学院郑州果树研究所提供的"中科 3 号""中科 182",河南省农科院园艺研究所提供的"美莎特",河南豫艺种业科技发展有限公司提供的"豫艺甜宝"为试验材料,喷施含硒叶面肥(农硒宝),采用《食品安全国家标准 食品中硒的测定》(GB 5009.93—2017)(氢化物原子荧光光谱法)进行总硒含量检测。观测喷施硒肥后叶片硒残留量变化,采用 L9 中的(3⁴)正交试验,分析亚硒酸钠喷施时期、次数、每次用量等因素对果肉总硒含量的影响,并比较不同西瓜品种间硒富集能力的差异,评价富硒西瓜生产示范效果。

（一）外源硒对西瓜植株及果肉中硒含量的影响

在试验土壤条件下,不喷施硒肥西瓜叶片中未检出硒。西瓜叶面补充硒肥后,叶片硒含量陡然增加,最高达 3 350 μg/kg。随着叶面施硒肥时间的推移,叶片总硒含量总体呈逐渐下降趋势,初步判断喷施硒肥后,西瓜叶片总硒含量和喷施后的时间这两个变量之间存在直线趋势,硒在叶片上的残留期约 15 天。不同西瓜品种硒富集能力存在一定差异,西瓜果肉总硒含量最高品种为"豫艺甜宝",硒含量达 300 μg/kg,是含量最低品种"中科182"的 3 倍。果肉总硒含量极显著高于其他 6 个品种,"美莎特"果肉总硒含量极显著高于"秀都"和"中科182"等。富硒西瓜果肉总硒含量平均可达 63.3 μg/kg,示范户 A、B 样品果肉总硒含量分别为 52 μg/kg 和 57 μg/kg,示范户 C 样品总硒含量最高,为 80.9 μg/kg。对示范户 C 进行有机硒和无机硒含量检测发现,有机硒含量为 80.9 μg/kg,无机硒未检出（检出限为 10 μg/kg）,说明施硒肥后,西瓜植株逐渐把无机硒合成转化为有机硒,成熟期果肉硒以有机硒为主。

（二）富硒时期、富硒次数和富硒用量的测定

影响西瓜果实硒含量的最大因素是富硒时期,其次是富硒用量及富硒次数,以组合 A3B1C2（膨大定个期 + 1 次 + 800 mg/667 m^2）硒富集效果最好,果实总硒含量达 130 μg/kg;不同西瓜品种硒富集能力差异极显著,在南太行丘陵地区进行富硒西瓜生产示范,平均果肉总硒含量 63.3 μg/kg。富硒西瓜生产中以膨大定个期喷施硒肥 1 次效率最高,硒肥用量可根据设定的果实硒含量要求合理选择。在富硒西瓜的生产中应注重品种的选择。在进行富硒西瓜生产时,西瓜果肉总硒含量受喷施时期影响最大,其次是硒肥用量,喷施次数影响最小,对照国内富硒农产品的要求,所有处理均达到富硒要求,如若多次喷施,间隔期控制在 10 天为佳。富硒西瓜生产中应选择在西瓜膨大定个期喷施 1 次硒肥效率最高,可以根据对西瓜果实硒含量的要求来选择硒肥用量。试验通过外源硒喷施生产的富硒西瓜的硒元素是 Se^{4+},经检测其在果实内主要存在形式以有机态为主,产品的安全性较高。

二、土壤增施硒肥对西瓜产量、品质及养分吸收的影响

康利允等研究了土壤增施硒肥对西瓜产量、品质及养分吸收的影响,明确西瓜的最佳硒肥施用量,以期为富硒西瓜的生产管理提供理论依据和技术指导。

（一）增施硒肥对西瓜产量、品质及养分吸收的影响

以"圣达尔"和"开美 1 号"为试验材料,设 4 个硒肥水平,分别为 0（CK）、0.25（Se1）、0.50（Se2）、0.75 kg/hm²（Se3）。与 CK 相比,土壤增施硒肥可提高西瓜产量,以及中心与边部可溶性固形物、维生素 C、可溶性蛋白含量,均表现为随施硒量的增加呈先升高后下降的趋势,当土壤施硒量为 0.50 kg/hm² 时,2 个品种均达最高,"圣达尔"较 CK 分别显著增加 16.1%、20.9%、20.6%、13.5% 及 22.7%,"开美 1 号"则分别显著增加 14.6%、

16.0%、24.8%、11.4%及20.2%,施硒量过高(0.75 kg/hm^2)产量和品质反而有下降的趋势。土壤增施硒肥还促进或抑制了西瓜对其他营养元素的吸收,随施硒量的增加,2个品种西瓜果实氮、钙、镁含量均表现出先升高后下降的趋势,当土壤施硒量为0.50 kg/hm^{2}时2个品种中三种元素含量均达最高,"圣达尔"较CK分别显著增加4.64%、10.3%及14.4%,"开美1号"则分别显著增加3.95%、6.07%及15.0%。而2个品种西瓜果实的钾、锰、铁、锌及硒含量则表现为随施硒量的增加而持续增加,且Se2和Se3处理均较CK显著增加,二者除硒含量差异显著外其余均未达显著水平。

(二)西瓜的最佳硒肥施用量

康利允等研究了西瓜的最佳硒肥施用量,以期为富硒西瓜的生产管理提供理论依据和技术指导。与CK相比,土壤增施硒肥可提高西瓜叶片的SPAD值、干物质积累量及产量,均表现为随施硒量的增加呈先升高后降低的趋势,以Se2处理达到最大,"圣达尔"较CK分别显著增加22.3%、26.6%及16.1%($P<0.05$),"开美1号"则分别显著增加24.0%、34.9%及14.6%($P<0.05$)。土壤增施硒肥可提高西瓜果肉可溶性糖、糖酸比、维生素C和可溶性蛋白等营养的品质,表现为随施硒量的增加呈先升高后降低的趋势,以Se2处理达到最大,与CK相比,"圣达尔"分别显著增加11.6%、30.4%、13.5%和22.7%($P<0.05$),"开美1号"分别显著增加16.2%、30.9%、11.4%和20.2%($P<0.05$)。而可滴定酸和硝酸盐含量则相反,表现为随施硒量的增加呈先降低后升高的趋势,以Se2处理最小,与CK相比,"圣达尔"分别显著降低14.4%和9.70%($P<0.05$),"开美1号"分别显著降低11.2%和10.9%($P<0.05$)。土壤增施硒肥可显著提高西瓜果肉硒含量,2个品种均随着施硒量的增加而增加。综合分析:土壤施硒量为0.50 kg/hm^{2}更有利于西瓜生长,可有效提高西瓜产量,改善品质,富硒效果最佳。

三、喷施外源硒对西瓜果实的硒含量及品质的影响

张一雯等以"绿宝石"西瓜为试验材料,研究了喷施外源硒对西瓜果实的硒含量和品质的影响,以期为提高西瓜果实硒含量和果实品质提供参考依据。试验地点为黑龙江省鸡西市润土果蔬专业合作社(东经131°0′,北纬45°33′),属于中温带大陆性季风气候。棚龄10年的蔬菜棚,供试硒有2种,无机硒为亚硒酸钠(Na_2SeO_3,3.98%),生物硒为药厂生产硒酵母的残留液(Se,2 mg/L)。全硒含量采用氢化物原子荧光光谱法测定。

(一)外源硒对西瓜果实的硒含量的影响

随着叶面喷施无机硒浓度的增加,西瓜果实的硒含量有明显增加的趋势,各处理与对照组相比差异均达到显著水平($P<0.05$)。在西瓜果实中,喷施无机硒的处理①、③、⑤、⑥分别比对照组高76.9%、161.5%、100.0%和284.6%,当喷施无机硒浓度为5.0 mg/L时(处理⑥),西瓜果实中硒含量达到最高,为0.050 mg/L。喷施生物硒后,西瓜果实中的硒含量明显增加。喷施生物硒的西瓜果实的硒含量与对照组相比差异均达到显著水平($P<0.05$)。对于西瓜而言,喷施1次生物硒的西瓜果实中硒含量就能达到最高,为

0.028 mg/kg。喷施无机硒的西瓜的富集能力均与喷施硒浓度呈正相关关系,喷施无机硒溶液浓度越高,西瓜硒的富集能力越强,且处理组有显著性差异。对于西瓜而言,喷施 1次生物硒时硒富集能力较强。随着硒浓度的增加,西瓜果实中硒含量明显增加。喷施无机硒的西瓜果实的硒含量分别为 0.020~0.059 mg/kg 和 0.023~0.050 mg/kg,喷施生物硒的西瓜果实硒含量分别为 0.024~0.028 mg/kg 和 0.021~0.029 mg/kg,试验结果均在富硒蔬菜安全标准范围内。

(二)外源硒对西瓜果实的可溶性固形物含量的影响

喷施生物硒能有效提高西瓜果实的可溶性固形物含量。喷施无机硒浓度为 3.0 mg/L 的西瓜果实中可溶性固形物含量达到最高,是对照组的 1.3 倍。喷施 1 次生物硒西瓜果实中的可溶性固形物含量最高。随着无机硒含量增加,西瓜的可溶性固形物含量无明显变化趋势,随着生物硒含量的增加,西瓜的可溶性固形物含量先增加后减少。有研究表明,叶面喷施亚硒酸钠可明显提高瓜果中的含硒量和西瓜含糖量,这与该研究的结果相一致,喷施无机硒能明显地增加西瓜果实中的硒含量,且与喷施量呈正相关关系。

喷施 1 次生物硒的西瓜果实中硒含量就能达到最高。所以在农业生产中如果想要得到较高含硒量的西瓜,喷施 1 次生物硒即可,以达到减少成本的效果。该研究结果表明,无论施用外源无机硒还是生物硒均可显著提高西瓜果实中可溶性固形物含量。

建议在生产富硒西瓜时,喷施浓度为 5.0 mg/L 的无机硒,可以生产出硒含量较高的西瓜。

四、不同硒肥施肥方式对硒砂瓜产量、品质、硒含量的影响

杨国莹等为了研究出更加优质、高端的富硒硒砂瓜生产方法而进行了试验。试验通过人工补施富硒有机肥和叶面喷施水溶性硒肥的方式,筛选出生产富硒硒砂瓜适用的人工补硒方式和硒肥用量,为富硒硒砂瓜标准化生产积累技术经验,提供理论参考和依据。

2019 年以中卫市当地主推品种"金城五号"西瓜为试验材料,土壤类型为灰钙土,土壤硒含量 0.193 mg/kg,参照《宁夏富硒土壤标准》(DB 64/T 1220—2016),试验地土壤属于足硒土壤,为典型的硒砂瓜种植区碱性土壤,土壤肥力偏低。富硒有机肥(粉剂)有机质含量≥45%,N + P$_2$O$_5$ + K$_2$O≥5%,总硒含量≥1 000 mg/kg,定植移栽时穴施;水溶性硒肥有效成分为氨基酸螯合态硒,硒含量≥2 000 mg/L;含硒添加剂硒含量≥1 000 mg/L。

(一)不同处理下硒砂瓜性状、含糖量及产量比较

硒砂瓜的不同硒肥强化方式对硒砂瓜皮厚、纵径、横径等性状影响不明显。分析硒砂瓜含糖量及糖梯度差,处理③表现最优,中心含糖量达到 12.1%,且糖梯度差为 1.9%,整体甜度较高且糖梯度差异小,口感较好。从产量表现看,处理②产量最高,为 2 806.52 kg/667 m^2,较产量最低的对照增产 104.79 kg/667 m^2,增产 3.88%,产量间差异不明显。

(二)不同处理对硒砂瓜中总硒含量及硒形态的影响

富硒强化方式均可显著提高硒砂瓜中总硒含量。处理②、③、⑤的总硒含量明显高于

叶面喷施处理④、⑥,说明基施富硒有机肥效果优于单纯叶面喷施水溶态硒肥和含硒添加剂。依据《中卫市富硒硒砂瓜标准化生产技术规程(试行)》,各处理下的硒砂瓜总硒含量均达到 0.01~0.15 mg/kg 的富硒标准。富硒硒砂瓜中的硒主要以有机硒形态存在,有机硒形态主要有 SeCys2 硒代胱氨酸、SeMeCys 硒甲基代半胱氨酸、SeMet 硒代蛋氨酸。各处理中的 3 种硒代氨基酸总量占总硒含量的85%以上,处理②、③的 3 种氨基酸总量达到总硒含量的90%以上。富硒硒砂瓜中 3 种形态的有机硒中 SeMet 占比最高,占总硒含量的60%以上。不同处理中的 SeCys2 和 SeMeCys 含量有所不同,但几组检测数据中 SeMeCys 含量均高于 SeCys2。富硒硒砂瓜中也有少量的无机硒存在,主要以 Se^{6+} 硒为主,占硒砂瓜总硒含量的 10% 左右。富硒硒砂瓜中无机硒含量有一个明显特征,就是不含 Se^{4+} 无机硒,所有样品中均未检测出 Se^{4+} 无机硒。

(三)不同处理对硒砂瓜重金属含量的影响

所有处理均未检出重金属镉(Cd)、铅(Pb)、汞(Hg)、砷(As),表明所施用的富硒有机肥质量达标,不会对硒砂瓜品质产生不利影响。表明试验基地土壤以及试验所用肥料的安全性很好,尤其是富硒有机肥试验组,可以用此种方法进行高品质的富硒硒砂瓜生产。

(四)不同处理对土壤肥力指标的影响

各处理中 pH 值较试验前均有所下降,降幅为 3.51%~6.91%;处理③土壤有机质含量较试验前的 9.52 g/kg 下降 3.99%,处理⑥与处理③pH 值持平,其他处理中的土壤有机质含量较试验前均有所提升,增幅为 1.16%~13.45%;土壤碱解氮、有效磷在各处理中的含量较试验前均有下降,下降幅度分别为 29.64%~59.28% 和 21.64%~53.81%;有效钾含量有增有减,在处理②、③中较试验前有所增长,增幅分别为 0.59%、27.65%,在其他几个处理中有所下降,降幅为 13.53%~20.59%。通过增施富硒有机肥和生物有机肥,使土壤理化性状得到一定程度的改善,同时提高土壤对酸碱的缓冲性,有利于作物对养分的吸收利用。前期施用三元(16-16-16,总养分≥48%)复合肥,可提高土壤中的钾元素含量。

(五)不同处理对土壤总硒含量和有效硒的影响

基施、"基施+喷施"的效果优于纯叶面喷施。纯喷施处理的土壤总硒含量、有效硒含量均低于对照组。试验在 5 种硒肥强化方式作用下,硒砂瓜总硒含量均大于或等于 0.01 mg/kg 的富硒标准。其中,基施+坐果期叶面喷施水溶性硒肥的强化效果最好,硒砂瓜中的总硒含量达到了 0.093 mg/kg;基施+坐果期叶的喷施含硒添加剂的强化效果次之,硒砂瓜中的总硒含量达到了 0.089 mg/kg;基施、坐果期叶面喷施水溶性硒肥、坐果期叶面喷施含硒添加剂强化措施下硒砂瓜的总硒含量也分别达到了 0.083 mg/kg、0.078 mg/kg、0.069 mg/kg。

综合硒砂瓜产量、含糖量和糖梯度差、总硒含量等指标和人工投入成本因素,生产富硒硒砂瓜应优选施富硒有机肥的强化方式,施用量为 10 kg/667 m²。该试验中,富硒硒砂瓜中的硒主要是有机硒,有机硒含量可达到总硒的 85% 以上。有机硒中占比最大的是硒代蛋氨酸,这是多数富硒农产品中有机硒的主要存在形态,说明硒砂瓜是一种适宜进行标准化富硒生产的农产品。

第三节　外源硒对绿花菜和花椰菜中硒含量和品质的影响研究

富硒绿花菜作为聚硒能力较强的蔬菜,近年来成为硒食品营养强化原料的选择之一,营养学家和功能食品研究者们对其原料物性、硒营养稳控加工、富硒功能食品复配精准设计及保健食品申报等方面开展了深入研究,为人们科学补硒、提高免疫力、强身健体提供了优质的食品选材。

一、富硒绿花菜生产技术研究

试验品种为"耐寒优秀"。供试硒肥为济源市农业科学院自主研发的"农硒宝"有机富硒液肥,有效硒含量 >4%,属于磷酸硒钾有机液肥。

(一)喷施硒肥对不同茬次绿花菜硒含量、平均球重及横径的影响

春茬或秋茬,所有处理的花球硒含量较 CK 均有明显的提升。在春茬试验中,现球后喷施 400 倍富硒液的绿花菜花球硒含量最高,达到 0.072 mg/kg;在秋茬试验中,现球后喷施 200 倍富硒液的绿花菜花球硒含量最高,达到 0.1 mg/kg。从花球平均球重和横径数据来看,不同硒处理与绿花菜花球质量、横径之间没有明显的相关性。

(二)硒肥浓度对不同茬次绿花菜花球硒含量的影响

外源施硒对绿花菜生长表现出单向促进效应,没有表现出低浓度促进、高浓度抑制的双重效应。整体上绿花菜花球硒含量随硒肥喷施浓度的增加而增加,200 倍液的喷施浓度未达到绿花菜叶面的最大耐受浓度,也未对绿花菜生长产生不利影响。春茬绿花菜喷施 800 倍富硒液肥后,其花球硒含量均高于同一喷施时期的秋茬;喷施 400 倍富硒液后,春茬花球硒含量高于秋茬的现象只出现在现球后这一时期。

(三)硒肥喷施时期对不同茬次绿花菜花球硒含量的影响

春茬和秋茬绿花菜试验过程中,现球前 + 现球后的处理喷施了 2 次硒肥,但其花球硒含量小于或等于只进行 1 次喷施处理的硒含量。在 2 个茬次的 800 倍富硒液处理中,现球后和现球前 + 现球后这 2 个喷施时期的花球硒含量之间无显著差异,但均显著高于现球前这一处理的花球硒含量;在 2 个茬次的 400 倍富硒液处理中,现球前和"现球前 + 现球后"这 2 个处理间的花球硒含量无显著差异。在春茬 1 200 倍富硒液的处理中,在现球前喷施硒肥的花球硒含量明显高于其他 2 个喷施时期。在秋茬 200 倍富硒液的处理中,在现球后进行硒肥喷施,花球硒含量在 3 个喷施时期中最高。

试验以河北省地方标准《富硒农产品硒含量要求》(DB13/T 2702—2018)中的要求为依据,富硒蔬菜标准为 0.02～0.1 mg/kg。建议绿花菜结球后喷施 800 倍或 400 倍的富硒叶面肥来进行富硒绿花菜的生产;对于包装销售的富硒绿花菜,要在结球后喷施比 200 倍富硒液浓度更高的硒肥,以满足硒含量≥0.15 mg/kg 的要求。

二、恩施富硒绿花菜产品营养成分分析

南占东等以恩施徕福硒业有限公司基地的新鲜富硒绿花菜为材料进行试验。

(一)富硒绿花菜超微粉的营养组分分析

富硒绿花菜超微粉含有丰富的硒营养元素,有机硒占总硒含量的 85.8%,符合湖北省食品安全地方标准《富有机硒食品硒含量要求》(DBS 42002—2014)的规定,是一种优质的富硒有机食品及原料。富硒绿花菜超微粉的膳食纤维、维生素、粗蛋白、碳水化合物分别为 2.13 g、68.1 g、5.47 g、5.73 g/100 g,远高于新鲜富硒绿花菜的含量。富硒绿花菜超微粉作为高活性植物硒原料,不仅营养价值高,而且具有良好的开发潜力,可广泛添加于代餐粉、饮料和含片等休闲便捷食品,是科学补硒食品中硒营养元素的优质来源。

(二)富硒绿花菜功能性产品的质量分析与评价

富硒绿花菜饮料、营养餐及含片的营养价值各不相同,但其有机硒含量均占总硒含量均的 83% 以上,符合食品安全国家标准《预包装食品标签通则》(GB 7718—2011)关于富含或高含矿物质食品的要求。上述产品均为富硒食品或富有机硒食品。富硒绿花菜系列产品含有较高的膳食纤维、维生素、粗蛋白、碳水化合物等元素,可提升其营养结构和功效价值。按照人们的饮食习惯和产品包装常规,除了满足其产品类型相应的功能需求之外,还可满足科学补硒的需要。富硒绿花菜饮料、营养餐及含片每天分别按 330 mL/罐(2罐)、10 g/袋(2 袋)、2 g/片(2 片)食用,均能够满足联合国卫生组织和中国营养学会关于成人日硒摄入量平均水平 50 μg、推荐量 60 μg 的规定,可成为人们科学补硒的可选材料。

(三)富硒绿花菜功能性产品的补硒效果测评

试验将 400 余缺硒人士分为 4 组,一组为空白对照组,其余三组分别食用富硒绿花菜、饮料、代餐粉、含片,食用一个月后通过毛发和抽血检测其硒含量,分别为 26.4 μg/人、74.3 μg/人、97.2 μg/人、102 μg/人。这表明,富硒绿花菜功能性产品具有显著的补硒效果。但上述产品的生物活性成分及其保健功能、毒理还有待于进一步研究和验证。

富硒绿花菜超微粉因富含硒营养、原料易得、接受度高,将成为食品和营养学家关注的重点方向之一,以期丰富硒营养强化剂的类别,拓展富硒产品品种和效益,为恩施土家族苗族自治州富硒绿花菜产业的持续健康快速发展提供科技支撑。

三、富硒花椰菜可溶性蛋白质和多糖中硒含量分析

试验所用花椰菜品种为"神龙特大"80 天花菜(恩施土家族苗族自治州种子站提供)。

试验采用土培盆栽,设置底施补硒浓度为 8 mg/kg、16 mg/kg、24 mg/kg、32 mg/kg、40 mg/kg 共 5 种供硒水平,进行 6 种处理,每种处理重复 15 次。土壤(含硒 0.828 0 mg/kg)取自湖北民族学院实习基地。

(一)土壤施硒条件下花椰菜茎、叶和花球中的硒含量

土壤施硒在 8.0 ~ 24.0 mg/kg 时,茎、叶和花球中的硒含量与土壤中的施硒量呈显著的正相关,当土壤中的施硒量高于 24 mg/kg 时,叶和花球中的硒含量反而随着土壤中硒浓度的增加而下降,但硒含量都比对照组高。硒在茎、叶和花球中的相对含量是花球 > 叶 > 茎,这说明花椰菜的根部从土壤中吸收硒元素后便向上运输,在茎、叶和花球中均有积累,以花球中积累最多。茎、叶、花球各器官中的硒含量分别超过未加硒处理的 350.72% ~ 568.29%、471.32% ~ 880.99%、469.69% ~ 841.03%,说明花椰菜对硒有较强的富集能力。

(二)花椰菜中可溶性蛋白质和多糖的含量

施硒浓度在 16.0 mg/kg、24.0 mg/kg 和 32.0 mg/kg 3 个水平时会增加花椰菜中蛋白质的含量,分别比对照组增加 7%、12% 和 34%;当施硒浓度在 8.0 mg/kg 和 40.0 mg/kg 2 个水平时蛋白质的含量却明显地降低了。施硒量在 8.0 ~ 16.0 mg/kg 时,花椰菜中多糖的含量随施硒浓度增加而增加;当施硒量超过 16.0 mg/kg 时,多糖的含量呈现出下降的趋势,说明一定的施硒量能提高花椰菜的品质,但过高时则会对品质产生负面影响。

(三)花椰菜中可溶性蛋白质和多糖中的硒含量

施硒量在 8.0 mg/kg、16.0 mg/kg 和 24.0 mg/kg 3 个水平时,花椰菜中可溶性蛋白质和多糖中的硒含量都明显地有所增加,蛋白质硒比对照组分别高出 425.72%、519.36% 和 642.49%,多糖硒比对照组分别高出 287.97%、321.05% 和 548.12%;施硒浓度在 24.0 ~ 40.0 mg/kg 时,两者的含量却随硒浓度的增加而降低,这说明过高的土壤硒含量不利于花椰菜中蛋白质硒和多糖硒的积累。

(四)花椰菜中硒的分布

经补硒栽培后,花椰菜中蛋白质硒含量占总硒含量的 72.16% ~ 86.63%,多糖结合硒占 8.67% ~ 10.00%。生物大分子物质(蛋白质和多糖)结合的硒含量达到 82.16% ~ 95.97%,单位质量中结合的硒量蛋白质大于多糖。另外花椰菜吸收硒元素后,除转化为生物大分子结合硒外,还存在其他含硒小分子形态,但生物大分子结合硒为主要的赋存形态,其相对含量在 82.16% 以上。

花椰菜可作为一种含硒补剂,其主要活性成分为蛋白质硒和多糖硒,易于被人体吸收。因此,在缺硒或低硒地区将硒应用于农牧业生产,可改善硒生态环境,调控硒食物链,提高人与动物硒的营养水平。

四、土壤施硒对花椰菜硒质量分数及主要营养成分的影响

在高硒土壤中栽培的蔬菜吸收环境中的无机硒后将其转化为有机硒,同时提高了硒

的生物活性,而易于被人体吸收利用,因此研究蔬菜对硒的吸收转化特性有重要的意义。

周大寨等的试验采用土培盆栽考查了底施补硒浓度为8 mg/kg、16 mg/kg、24 mg/kg、32 mg/kg、40 mg/kg的5种供硒水平,进行了6种处理,每个处理重复15次。土壤(含硒0.828 0 mg/kg),为黄棕色的多年未耕作土,70 ℃烘一周后打碎,过筛装钵,每钵下垫两层白布,珍珠岩石150 g,装处理过的土壤1.5 kg,用重蒸水浸湿栽培土,肥料配成溶液加入(每千克干土加入2 g复合肥),处理3周后移栽4~6片叶的花椰菜幼苗,每钵栽1株。在塑料大棚内进行试验,每周用重蒸水浇水2次。研究花椰菜对硒的吸收情况及土壤施硒对花椰菜品质的影响,为开发富硒蔬菜提供了一定的理论依据。

(一)土壤施硒对花椰菜叶和花球硒质数分数影响

不同的施硒量对花椰菜叶和花球硒质量分数有较大影响,不同浓度处理之间差异达显著水平($P = 0.001$)。土壤施硒0~24 mg/kg时,叶和花球的含硒量与土壤的施硒量呈极显著的正相关性,叶硒质量分数与土壤的施硒量的相关系数$R = 0.94 > 0.75$,花球硒质量分数与土壤的施硒量的相关系数$R = 0.9 > 0.75$;当土壤施硒量高于24 mg/kg时,叶和花球的硒质量分数随着土壤硒浓度的增加而下降,并呈极显著的负相关,叶硒质量分数与土壤的施硒量的相关系数$R = I - 0.981 > 0.75$,花球硒质量分数与土壤的施硒量的相关系数$R = I - 0.9 > 0.75$,但含硒量都比对照组高。土壤施硒可以增加花椰菜根系对无机态硒的吸收能力,并能通过同化作用高效率地将其转化为易于被人和动物吸收利用的有机硒,对土壤进行过量的补硒,会对花椰菜对硒的吸收、转化和利用产生负面的影响。

(二)土壤施硒对花椰菜花球品质的影响

①土壤施硒对花椰菜可溶性蛋白质质量分数的影响。

可溶性蛋白质质量分数是蔬菜品质的一个重要的评判指标,土壤施硒对花椰菜可溶性蛋白质质量分数的影响十分显著。当施硒浓度为16.0~32 mg/kg时,花椰菜的蛋白质质量分数分别增加7%、12%和34%;在施硒浓度为8 mg/kg和40 mg/kg时,花椰菜的蛋白质质量分数却明显降低了。只有在一定浓度范围内,对土壤补施硒才能提高花椰菜的品质,超出此浓度范围又对花椰菜可溶性蛋白质质量分数产生负面的影响,从而影响其品质。

②土壤施硒对花椰菜可溶性总糖和还原糖质量分数的影响。

可溶性总糖和还原糖也是蔬菜品质的一个重要评判指标。土壤施硒对花椰菜可溶性总糖和还原糖质量分数的影响与对可溶性蛋白质质量分数的影响趋势基本相同,但是在浓度范围上有一点细微的差别。0~16 mg/kg土壤补硒浓度与花椰菜土壤补硒浓度与花椰菜可溶性总糖和还原糖质量分数呈正相关。施硒浓度为8.017 mg/kg和16 mg/kg时,可溶性总糖分别是对照组的1.4和倍速1.8倍,还原糖分别是对照组的2倍和3倍,在施硒浓度为16.0~40 mg/kg,二者的质量分数又随硒浓度的增加而降低,但是在处理范围内都高于对照组,土壤硒背景值为0.828 mg/kg时,施硒浓度为0~40 mg/kg。

（三）花椰菜的硒生物富集能力的影响

花椰菜具有一定的生物富集能力,在土壤施硒浓度为 24 mg/kg 时,花椰菜叶和花球的硒质量分数达到最高,分别是 8.017 mg/kg 和 9.655 mg/kg 在该条件下,花椰菜花球的可溶性蛋白、可溶性总糖及还原糖的质量分数都较高;土壤硒浓度大于 24.828 mg/kg 时,花椰菜叶和花球的硒质量分数、花球可溶性总糖及还原糖的质量分量数均呈下降趋势,个别植株甚至表现出轻微的毒害作用。利用花椰菜富集土壤中的无机硒,土壤(0.828 mg/kg)补硒浓度以不大于 24.0 mg/kg 为宜。

（四）土壤施硒与花椰菜花球品质的关系

关于硒对作物(特别是蔬菜)品质影响方面的研究目前较少,增加硒营养会提高生菜茎叶中蛋白质和还原糖的质量分数。施用硒肥会提高弥猴桃中总糖的质量分数。而土壤中施硒量在 16.0～24 mg/kg 时,花椰菜中的蛋白质、总糖和还原糖质量分数均显著提高,较大地改善了花椰菜的品质。微量元素硒是人和动物必需的营养元素之一,而花椰菜中的含硒量随土壤施硒量的增加而显著增加,这说明采用土壤施硒的方式来生产富硒花椰菜是可行的,用硒作微量元素肥料能改善花椰菜的营养品质,提高花椰菜的硒质量分数。

第四节　外源硒对油菜产量和硒含量的影响研究

一、硒肥不同施用方式对双低油菜产量和硒含量的影响

以双低杂交油菜种"德新油 59"为试验材料,外源硒肥为含硒多种微量元素肥(硒含量2.5%、50 g/包)。外源硒肥作为淋根肥和叶面喷施处理。测定硒肥处理对油菜植株性状、油菜免疫力、产品含硒量的影响。

（一）硒肥处理对植株性状的影响

A3 处理单株有效角果数最高(3 489 个),A4 处理最低(3 427 个)。每角粒数 A5 处理最高(22.7 粒),A4 处理最低(22.4 粒),千粒重 A4 和 A5 处理为 3.8 粒,其余处理均为 3.9 粒,单株产量以 A3 处理最高(306.2 g),A4 处理最低(291.7 g)。B1 处理单株有效角果数最高(3 470 个),CK 最低(3 456 个),每角粒数以 B4 处理最低(22.4 粒),B2、B5、CK 均最高(22.6 粒),单株量以 B2 处理最高(305.4 粒),B4 处理最低(294.3 粒)。

（二）硒肥处理对油菜免疫力的影响

淋根施用硒肥对油菜免疫力明显提高,CK 菌核病发病率最高(6.8%),A1 处理最低(5.8%),各处理病毒病发病率和发病指数均为 0。

（三）硒肥处理对油菜产量的影响

A2 处理产量最高(208.3 kg),A4 处理产量最低(192.8 kg),A2 处理较 CK 增产,其

余均较 CK 减产。B 处理中 B2 产量最高(215.8 kg),B3 产量最低(195.2 kg),B1、B2 均较 CK 增产,其余处理均比对照组减产。

(四)硒肥处理对产品含硒量的影响

油菜收获后即取油菜籽样品 50 g 检测硒含量。A5 处理硒含量最高(2.165 mg/kg),A1 处理硒含量最低(1.254 mg/kg),A1~A5 硒含量呈显著递增趋势。B5 处理硒含量最高(11.043 mg/kg),B1 处理硒含量最低(1.621 mg/kg),B1~B5 硒含量呈显著递增趋势。且 B 处理比 A 处理硒含量增幅大,硒含量高。

二、硒叶面肥对油菜农艺性状、产量和籽粒硒含量影响的初步研究

陈火云等通过给多个油菜公示品种"德选 518""华油杂 9 号""德新油 53""惠油杂 6815""楚油杂 79""鼎油杂 4 号"(均购自湖北省荆州市国丰种业有限公司)喷施硒叶面肥(由长江大学作物富硒应用技术研究所提供)进行试验。施用硒叶面肥后,对油菜产量、农艺性状、籽粒硒含量等进行分析,筛选出适合在受试地区推广的高产富硒油菜品种。

(一)硒叶面肥对油菜农艺性状的影响

对各油菜品种施用硒叶面肥后相比空白对照,对油菜株高、根茎粗、分枝点高度、主轴高、一次分枝数、二次分枝数、主轴角果数、一次分枝角果数、二次分枝角果数、产量等存在影响,与空白对照相比,施用硒叶面肥对油菜主轴角果数、二次分枝角果数的影响差异显著($P < 0.05$)。施用硒叶面肥后可增加油菜二次分枝角果数,尤其是"德选 518"油菜品种表现明显,二次分枝角果数均值达到 43.78;施用硒叶面肥后可有效增加"华油杂 9 号"油菜品种主轴角果数,主轴角果数均值为 83,相比空白对照 67.33,增长 23.3%。施用硒叶面肥处理对油菜产量的影响差异不显著($P < 0.05$),硒叶面肥处理后油菜的单产均值为 199.64 kg,比空白对照增加 12.78 kg,同比增长 6.8%。

(二)硒叶面肥对油菜籽粒硒含量的影响

对油菜施用硒叶面肥,可以明显增加油菜籽粒的硒含量。施硒叶面肥后油菜籽粒的平均硒含量为 0.260 5 mg/kg,相比空白对照籽粒中的硒含量 0.073 mg/kg,增加了 0.187 5 mg/kg,富硒效果明显。在空白处理下,各油菜品种对硒的吸收效果存在差异,"德新油 53"对自然硒的吸收率比其他 5 个品种低,籽粒的硒含量仅为 0.047 mg/kg。"华油杂 9 号"对自然硒的吸收率高于其他 5 个品种,籽粒的硒含量为 0.093 mg/kg,相比"德新油 53",油菜籽粒硒含量增加 0.046 mg/kg,增长了 97.87%。"楚油杂 79""鼎油杂 4 号"2 个品种油菜对自然硒的吸收能力相当,籽粒硒含量分别为 0.089 mg/kg、0.083 mg/kg,富硒能力较强。在施用硒叶面肥处理下,各个油菜品种对硒的累积效果明显,籽粒含量均能超过 0.2 mg/kg,其中"楚油杂 79"对硒的吸收能力较强,籽粒硒含量达到 0.297 mg/kg,"惠油杂 6815""德新油 53"对硒的吸收能力较差,籽粒硒含量分别为 0.207 mg/kg、0.236 mg/kg。

(三)油菜品种间籽粒硒积累量的差异

在施用硒叶面肥条件下,各个油菜品种对硒的吸收效果存在差异。"德选518"与"楚油杂79号"之间籽粒硒含量的差异不显著;"华油杂9号""德新油53""鼎油杂4号"与其他油菜品种相比,对籽粒硒含量影响差异不显著;"德选518"和"楚油杂79号"与"惠油杂6815"品种相比,对籽粒硒含量影响达到显著水平,"德选518"和"楚油杂79号"油菜品种富硒潜力较好。在空白处理下,"华油杂9号""楚油杂79"与"德新油53"油菜品种相比,对油菜籽粒中硒含量影响差异达到显著水平,"德新油53"油菜品种富硒潜力相对较弱;"德选518""惠油杂6815""鼎油杂4号"与其他油菜品种相比,对籽粒硒含量影响差异不显著,富硒潜力一般。通过比较不同处理下油菜品种的籽粒硒含量变化趋势还可以发现,在空白处理下有较高富硒能力的油菜品种,给予外源硒干预,能有效提高油菜籽粒硒含量。

第五节 外源硒对生菜、小白菜、菠菜产量和硒含量的影响研究

一、硒肥不同施用量对生菜生长品质及硒含量的影响

谯祖勤等(2020)以奶油生菜为试验材料。供试肥料为有机－无机复混肥(氮－磷－钾＝18－8－10,贵州省五谷惠生态农业有限公司生产)、五水合亚硒酸钠(山东西亚化学股份有限公司)、生化黄腐植酸(山东优索化工科技有限公司)。土壤为耕作层黄色与褐色土壤的混合土壤,土壤硒含量为0.82 mg/kg,pH＝6.52。测定生菜生长指标、叶绿素含量和硒含量。

(一)硒肥不同施用量对生菜农艺性状的影响

单株重和株高随着硒肥施用量的增加而增加,叶片数随硒肥施用量的增加而减少;其中,单株重增加247.2%～345.8%,叶片数增加40.0%～56.3%,株高除施用量为10 mg/kg的处理低于对照组外,施用量为25 mg/kg和50 mg/kg的处理分别增加20.5%和19.7%。由此可见,随外源硒浓度的增加,植物生长趋势良好,施用硒肥对生菜生长有促进作用。但生菜叶片数随着硒肥施用量的增加而减少,说明高浓度硒会抑制叶片数的发育生长,但从叶片外观看,施用高浓度硒的生菜单张叶片横纵面积最大,由此推断高浓度硒可以促进植株单叶的横向、纵向生长。

(二)硒肥不同施用量对生菜叶绿素含量的影响

与CK相比,处理A、B、C的叶绿素a、叶绿素b和叶绿素总量均无显著差异。其中,处理A生菜植株中的叶绿素含量低于CK,随着硒浓度增加,叶绿素含量呈略微增加又略微减少的趋势。说明外源硒浓度过高过低都对生菜产生光合作用有一定影响。

(三)硒肥不同施用量对生菜中硒含量的影响

各处理生菜可食用部分的硒含量均大于 0.02 mg/kg,达到富硒标准,可见生菜对硒具有富集能力。生菜作为富硒农产品,不同硒浓度施肥效果对生菜植株硒浓度含量均有影响,处理 A、B、C 较 CK,硒含量分别增加 143.8%、171.9% 和 71.9%,硒含量随外源硒浓度的增加呈先增后减的趋势,处理 B 硒含量最高,为 0.087 mg/kg,说明施加一定浓度的外源硒可促进生菜对硒的吸收。

低浓度硒可促进植株生长,高浓度硒则起抑制作用,但对于浓度的高低没有确切的界限。研究结果表明,当外源硒浓度为 50 mg/kg 时,生菜的生长品质最佳;25 mg/kg 时次之,但该浓度下生菜可食用部位硒浓度最高。研究结果还表明,高浓度的硒对植株生长的抑制效果不太明显,原因是在硒肥中添加了腐殖酸促进植物对高浓度硒的吸收。

二、不同浓度的硒肥和喷施方式对生菜品质的影响研究

卢敏敏等以"红罗莎"生菜为试验材料研究了不同浓度的硒肥和喷施方式对生菜品质的影响。营养液为麦佳氧菜园叶菜专用营养液,供试硒为有机硒肥"绿维康"。

(一)外源硒对生菜品质的影响

叶面喷施 2 mg/L 的有机硒肥可明显促进生菜生长,在根部喷施硒肥对叶绿素生成的促进作用较小,可能与植物对有机硒的吸收部位和机理有关。与对照组相比,叶绿素含量均升高,植株可能因为促进了光合作用,从而促进了生长。添加外源有机硒,不仅有利于生菜生长,而且增加了其他营养物质的含量,提高了品质。低浓度硒肥对提高生菜维生素 C 含量效果较好,这可能是由于硒会影响某些特定的酶,从而影响其他离子吸收,低浓度硒能够促进生菜对铁的吸收,使得整个电子传递链受到影响后,促进了维生素 C 的代谢,进而增加生菜中的维生素 C 含量。喷施硒肥后可溶性糖和蛋白含量也有所增加。

(二)外源硒对叶绿素含量的影响

富硒处理比对照组的叶绿素含量都有升高,第 2 次喷施后有显著提高,其中叶面喷施略高于根部基质喷施;第 3 次叶面喷施和根部基质喷施两者间也出现差异。随着采样时间的推迟,叶绿素含量出现先升后降的趋势。硒肥浓度和施肥方式对生菜叶绿素含量都有促进作用。

(三)外源硒对株高的影响

喷施硒肥后植株地上部高度有一定增高,第 2 次施肥后开始与对照组有显著性区别,但第 3 次施肥后只有叶面喷施有显著性增高。可见,适量的硒能增加生菜光合色素含量,从而促进其光合作用,促进植株生长,但株高可能还受到其他因素的影响。

(四)外源硒对维生素 C、可溶性糖和可溶性蛋白质含量的影响

维生素 C 含量在生长过程中出现了先降后升的现象,在采收前富集。喷施硒肥能显著性提高维生素 C 含量,高浓度和低浓度硒肥相比,低浓度时已经表现出维生素 C 含量

显著提高的现象;从第 2 次喷施后,低浓度的叶面喷施效果更好。可溶性糖含量随生长不断增多,4 mg/L 基质根部喷施对可溶性糖的积累有显著性作用,增幅范围为 6.55% ~ 12.3% 。对可溶性蛋白影响规律不明显,喷施后含量略有提升,总体来说低浓度叶面喷施后蛋白含量稍高于其他处理。

(五)外源硒对生菜有机硒含量的影响

根据试验数据可以看出,在不同硒肥浓度和施肥方式处理下,相比对照组,处理 1、2 的生菜中硒含量分别提高了 71.1%、47.2% ,有显著性提高,在一定范围内高浓度施肥比低浓度富集效果更好。叶面喷施方式更利于植株吸收。生菜中的硒含量明显增多,施肥方式对硒含量也有一定影响。

(六)外源硒对生菜硝酸盐含量的影响

沙质栽培条件下生菜中亚硝酸盐含量未检出,与对照组相比,处理 1、2、3、4 的生菜中硝酸盐含量分别下降了 10.95%、13.44%、27.53%、17.02% ,叶面喷施低浓度硒肥的处理,降低硝酸盐含量效果最好。

三、外源施硒对小白菜土壤生物活性的影响

供试小白菜为当地主栽品种"早熟 5 号"。供试土壤为石灰土,采自广西省环江县中国科学院环江喀斯特农业生态试验站试验田。选择 2 种硒肥类型(亚硒酸钠和氨基酸螯合态硒),并设置 2 种不同浓度水平(土壤硒含量 3 mg/kg 和 6 mg/kg),以常见蔬菜小白菜作为栽培作物,在研究不同形态与水平硒肥施用对小白菜硒富集影响的同时,探讨了土壤生物活性的响应特征,以期为富硒蔬菜生产实践与科学施硒提供参考。

(一)外源硒对小白菜地上和根系生物量的影响

3 mg/kg 亚硒酸钠处理对小白菜地上生物量没有显著影响,而 6 mg/kg 亚硒酸钠处理小白菜地上部分生物量显著降低,降幅达 30% 。2 个水平的螯合硒添加均未对小白菜地上部分生物量产生显著影响。另一方面,2 个水平亚硒酸钠添加对小白菜根系生物量均没有显著影响,而 3 mg/kg 螯合硒处理小白菜根系生物量显著高于对照组。这与吴雄平等的研究结果有所不同,其用西北红油土(pH = 7.75)进行盆栽试验发现,亚硒酸钠添加量在小于 10 mg/kg 时,其对小白菜生长均表现出促进效果;当亚硒酸钠添加量达到 60 mg/kg时,对小白菜根系生长才有明显抑制。小白菜在西北红油土中生长时对亚硒酸钠毒性的耐受能力要远高于在西南石灰土中。这表明不同的植物种类以及外界环境(如土壤性质)可对外源施硒效应造成极大的影响。

(二)外源施硒对小白菜硒富集的影响

亚硒酸钠处理小白菜地上的硒浓度有显著提升,而螯合硒处理地上部分硒浓度虽然也有一定程度的增加,但并未达到统计差异显著水平。相同施用水平条件下,亚硒酸钠处理小白菜地上的硒浓度显著高于螯合硒处理地,表明亚硒酸钠施用后对小白菜的生物可

利用性更高。此外,外源施硒处理下小白菜根系硒浓度均显著高于对照。相同施用水平条件下,亚硒酸钠和螯合硒处理小白菜根系硒浓度无显著差异。从整株角度来看,2个水平亚硒酸钠处理均显著提升小白菜硒浓度,螯合硒处理则仅在施用水平达到6 mg/kg时才可显著促进小白菜硒富集。试验中3 mg/kg与6 mg/kg亚硒酸钠施用处理整株小白菜的平均硒浓度分别仅为(0.40 ± 0.05) mg/kg与(0.67 ± 0.15) mg/kg。造成如此差异的原因可能与所采用土壤的理化性质有关。亚硒酸钠处理BCF地上部/土壤值要显著高于螯合硒和对照处理。不同水平亚硒酸钠处理之间BCF地上部/土壤值无显著差异。小白菜硒转运系数(TF)值平均为$0.08 \sim 0.20$,处于较低水平,这表明亚硒酸盐和螯合态硒被小白菜根系吸收后极易在根部固定以致向地上部分转运不足。

(三)外源施硒对土壤微生物生物量与群落结构的影响

3 mg/kg亚硒酸钠与3 mg/kg螯合硒2个处理土壤总PLFA含量没有显著变化,而6 mg/kg亚硒酸钠和6 mg/kg螯合硒2个处理土壤总PLFA含量均显著降低,降幅分别达到22%和16%。土壤细菌PLFA含量变化趋势与总PLFA含量类似,6 mg/kg亚硒酸钠和6 mg/kg螯合硒2个处理相比对照细菌PLFA含量降幅分别达到22%和17%。土壤真菌PLFA含量仅在6 mg/kg亚硒酸钠处理下有显著下降,降幅达30%,而其余3个硒添加处理与对照相比无显著差异,这表明高浓度亚硒酸钠可对真菌产生较强的抑制作用。土壤放线菌PLFA含量在2个水平亚硒酸钠处理下均显著低于对照组,降幅分别为11%和19%,而螯合硒仅在6 mg/kg添加条件下显著降低放线菌PLFA含量,降幅15%。土壤原生动物PLFA含量仅在6 mg/kg亚硒酸钠处理下显著低于对照组,降幅高达36%,其余3个施硒处理与对照相比无显著差异。当2种形态硒施用量为3 mg/kg时,土壤绿藻PLFA含量与对照组相比无显著差异,但在施用水平达到6 mg/kg时,土壤绿藻PLFA含量均显著低于对照组。不同形态与水平外源硒施用下,土壤微生物群落结构组成也发生一定变化。6 mg/kg螯合硒处理显著降低细菌在微生物群落中的占比,而6 mg/kg亚硒酸钠处理显著降低绿藻在微生物群落中的占比。相比3 mg/kg亚硒酸钠处理,6 mg/kg亚硒酸钠处理显著降低土壤真菌占比而提高放线菌占比。2个不同水平的螯合硒添加处理之间土壤微生物群落组成则未见明显差异。原生动物在微生物群落中的占比在不同硒处理之间未发现明显变化。

(四)外源施硒对土壤酶活性的影响

NAG酶和ALP酶是参与土壤关键养分氮和磷转化的主要酶类。与对照组相比,2个水平亚硒酸钠施用对土壤NAG与ALP酶活性均未产生显著影响。另一方面,3 mg/kg螯合硒处理对土壤NAG、ALP酶活性也没有显著影响,而6 mg/kg螯合硒处理土壤NAG、ALP酶活性均有显著增加,可见无机态硒和螯合态硒对土壤酶活性存在不同影响。史雅静等通过室内培养实验研究发现,亚硒酸钠添加量小于30 mg/kg时,土壤磷酸酶活性与对照组相比没有显著变化;而施用有机态硒(硒代蛋氨酸)小于30 mg/kg时,对土壤磷酸酶有不同程度的激活作用。

（五）土壤生物活性与小白菜硒吸收的相互关系

小白菜根系硒浓度与土壤微生物群落总 PLFA 含量呈显著负相关,具体到各土壤微生物群落,小白菜根系硒浓度与土壤细菌、放线菌、绿藻 PLFA 含量呈显著负相关关系。小白菜地上硒浓度与土壤微生物各群落 PLFA 含量均无显著相关性。这一方面可能与微生物与小白菜在硒吸收上形成直接竞争有关。另一方面则可能是因为微生物活动一定程度上促进了硒挥发损失,使得土壤中硒的有效性降低,进而引起植物吸收减少。土壤 NAG 与 ALP 酶活性与小白菜硒浓度之间未发现显著相关性。

根据《富硒农产品行业标准》(GH/T 1135—2017)可知蔬菜类富硒食品的总硒含量应为 0.10 ~ 1.00 mg/kg,试验中 4 个外源硒添加处理下小白菜地上部分硒浓度为 0.15 ~ 0.53 mg/kg,达到富硒蔬菜标准。试验中小白菜地上部分浓度最高为 0.53 mg/kg,折算日均硒摄入量为 265 μg,处于我国卫生和计划生育委员会在《中国居民膳食营养素参考摄入量第 3 部分:微量元素》(WS/T 578.3—2017)中规定的 40 ~ 400 μg/d 安全阈值范围内。

四、叶面喷施富硒菌肥对菠菜产量及品质的影响

张廷浩等以北京市销售的“盛菠一号”菠菜为试验材料,取亚硒酸钠制成的生物菌液,喷施后测定富硒菌液菠菜产量、粗纤维和维生素含量、菠菜有机酸和可溶性蛋白含量。

（一）富硒菌肥对菠菜产量指标的影响

由不同稀释倍数菌肥下单株质量看出,不同时间喷施 50 倍和 100 倍的微生物菌硒肥时菠菜的单株质量都较对照组有显著的增长,而喷施 25 倍没有显著增长。在 3 个喷施 100 倍微生物菌硒肥的组别中,采收前 7 天喷施 100 倍菌肥 1 次的处理组相对于对照组的株质量增加最多,平均株重达到了 6.98 g,相比对照组增加了 4.56 g,增长率最高达 188.4%。喷施 50 倍微生物菌硒肥的 3 个组别的单株质量较相应处理时间的对照组也有显著的增长。

（二）富硒菌肥对菠菜农艺性状的影响

富硒菌肥对“盛菠一号”菠菜的株高、展幅有较显著的影响,增长区间组别的浓度稀释倍数主要集中在 50 ~ 100,采收前 7 天和 14 天各喷稀释 50 倍菌肥 1 次的处理组较相同时间处理的对照组株高增长最为显著,增长 7.7 cm,涨幅高达 77.8%。此外,喷稀释 100 倍菌肥的处理组也较空白组有显著的增长,展幅与株高变化趋势相似,涨幅高达 36.6%。而主根除喷稀释 25 倍菌肥的处理组外,其他处理组变化并不显著。

（三）富硒菌肥对菠菜叶片中硒含量的影响

处理组的硒含量都有一定的增加。从对照组来看,在贫硒土壤下生长的未喷施菌肥的菠菜硒含量极低,范围为 0.01 ~ 0.03 μg/100 g,喷施的处理组的硒含量均有不同程度的增加。其中,处理组硒含量达到峰值,较相同时间处理的对照组 CK2 增加

0.455 2 μg/100 g,增加了近 33 倍,增加程度最小的 T1 处理组也比 CK1 多 0.019 8 μg/100 g。采收前 7 天喷稀释菌肥对菠菜硒含量增加的效果要好于采收前 14 天喷稀释菌肥,而在喷稀释菌肥时间为采收前 14 天的 1 号系列的 H1 和、F1 和 T1 处理组中可以发现,相同处理时间下,随着菌肥浓度的上升,菠菜硒含量反而开始下降。

(四)富硒菌肥处理后菠菜中的粗纤维和维生素含量

粗纤维含量最高的是采收前 14 天喷稀释 25 倍菌肥 1 次的处理组 T1,其次是采收前 7 天喷稀释 50 倍菌肥 1 次的处理组 F3。处理组中粗纤维含量最低的是采收前 14 天喷稀释 50 倍菌肥 1 次的处理组 T1。结合对照组来看,粗纤维在各个处理组变化不显著。维生素 C 含量最高的为采收前 7 天和 14 天喷稀释 100 倍菌肥处理组和采收前 7 天喷稀释 50 倍菌肥的处理组,维生素 C 含量为 46.8 mg/100 g,对照组维生素 C 分别增加 13.0 mg/100 g 、11.7 mg/100 g,增加率为 33.3% ~ 38.5%。除处理组 F1 外,3 种浓度菌肥对菠菜维生素 C 含量都有促进作用,增长幅度最小的是 3.9 mg/100 g。需要说明的是,采收前 14 天喷稀释 50 倍菌肥 1 次的处理组 F1 的维生素 C 含量反而比相应处理时间对照组的维生素 C 含量低 1.3 mg/100 g,处理组 H1 和处理组 T1 的维生素 C 含量均比对照组高,可初步认为维生素 C 含量降低的原因与菌肥浓度无关。从处理时间上来看,维生素 C 含量是 F3 > F2 > F1,菠菜生长期喷施菌肥会对菠菜中的维生素 C 有一定的抑制作用。

(五)富硒菌肥处理后菠菜中的有机酸和可溶性蛋白含量

蛋白质含量最高的是采收前 7 天喷施稀释 100 倍菌肥 1 次的处理组 H3,蛋白质含量为 12.5 mg/g,相较于对照组 CK3 增长 2.2 mg/g,存在显著性差异。其次是采收前 7 天和 14 天各喷施稀释 100 倍菌肥 1 次的处理组 H2,蛋白质含量为 9.9 mg/g,相较于对照组 CK2 增长 0.4 mg/g。对 CK 3 个组进行显著性分析发现,采收前 14 天喷施的处理组 CK1 蛋白质含量远低于采收前 7 天喷施的处理组 CK3,相差为 4.8 mg/g,而采收前 7 天和 14 天均喷施的处理组 CK2 蛋白质含量处于 CK1 与 CK3 之间。因此,采收前 14 天喷水对蛋白质有减弱作用,而采收前 7 天喷施可有效提高菠菜的蛋白质含量。比较 CK2、H2、F2、T2 还可以得出,一定浓度的硒肥对菠菜蛋白质含量有促进作用(如 CK2 比 H2 低 0.4 mg/g),但高浓度的硒肥会抑制蛋白质含量(如 T2 比 CK2 低 2.3 mg/g)。喷施稀释 50 倍与 25 倍的菌肥时大多数处理组相较于对照组的蛋白质含量都有少量增多,喷施稀释 100 倍菌肥时蛋白质含量显著增多。

微生物菌硒肥的施用使得处理组菠菜中的硒含量较对照组有显著增加,外源硒由于采取叶面喷施方式,故硒直接在菠菜叶片内进行富集。叶面喷施 0.01 ~ 0.02 g/L 的富硒菌肥可有效提高菠菜多方面品质,从而达到生产的目的,并提高经济效益。同时菠菜较其他农作物方便易得,成本低,便于商业化推广,所以对于菠菜富硒的研究是具有重要意义的。

第六节　外源硒对韭菜硒含量的影响研究

一、不同形态硒对韭菜吸收富集及土壤累积硒的影响

硒从有益作用到有害作用的浓度范围非常窄,研究并利用不同植物及其不同器官对不同形态硒的富集特点,科学调控作物可食部位硒的含量,有助于指导人们进行富硒作物的安全生产,另外,任何富硒措施在进行规模化应用之前有必要进行有针对性的详细研究。万亚男等(2017)以"独根红"韭菜(allium tuberosum)为试验材料,研究添加 2 种外源无机硒对韭菜可食部位硒含量的影响,并对外源硒在土壤中的残留进行分析。

田间试验于 2013 年 9 月至 2015 年 4 月在山东省淄博市博山区上瓦泉村有机富硒蔬菜园区进行。供试硒源为亚硒酸钠(Na_2SeO_3)和硒酸钠(Na_2SeO_4),土壤施硒处理于扣棚前 2~3 天进行。施硒约 40 天后开始分批采收韭菜样品,每次采样间隔 40 天左右,共采样 3 批。

(一)不同硒处理对韭菜可食部位硒含量的影响

韭菜扣棚前向土壤中施加亚硒酸钠和硒酸钠均可显著提高韭菜可食部位的硒含量,硒施量越大,韭菜中硒含量越高。A 棚中的施硒量为 Se 100 g/hm² 时,亚硒酸钠和硒酸钠处理的 3 批韭菜中硒含量分别是对照组的 0.6~1.9 倍和 4.4~7.1 倍;施硒量为 200 g/hm² 时,分别是对照组的 2.0~2.1 倍和 7.8~12 倍。B 棚的施硒量为 200 g/hm² 时,亚硒酸钠和硒酸盐处理前两批韭菜硒含量分别为对照组的 3 倍、6.6 倍、15.6 倍、25 倍。亚硒酸钠施用量为 400 g/hm² 时,前两批韭菜样品硒含量分别是对照组的 4.5 倍和 9 倍。硒酸钠施用量为 100 g/hm² 时,前两批韭菜样品硒含量分别为对照组的 9.8 倍和 18 倍。施硒相同时,硒酸钠提高韭菜可食部位硒含量的效果优于亚硒酸钠。硒酸钠施用量为 100 g/hm² 时,硒酸钠处理韭菜样品硒含量是亚硒酸钠的 2.4~12.3 倍;施硒量为 100 g/hm² 时,则为 3.9~5.7 倍。棚中硒酸钠处理韭菜样品硒含量是亚硒酸钠处理的 3.8~6.2 倍。对于硒酸钠处理,当施硒量增加 1 倍时,两棚的韭菜硒含量都有显著增加,A 棚 3 批韭菜样品硒含量分别增加 69%、143% 和 69%,B 棚中 3 批韭菜样品硒含量分别增加了 59%、38% 和 117%。对于亚硒酸钠处理,当施硒量增加 1 倍时,A 棚中 3 批韭菜样品硒含量分别增加 6.4%、72% 和 161%,B 棚中 3 批韭菜样品硒含量分别增加 55%、37% 和 92%。

参照《富硒食品与其相关产品硒含量标准》(DB 61/T556—2012)中新鲜蔬菜的硒含量 0.02~0.1 mg/kg 的要求,对于亚硒酸钠处理而言,施硒量为 100 g/hm² 时,只有第一批韭菜样品硒含量达到富硒标准,随着时间延长,第二批和第三批韭菜样品中硒含量逐渐下降,低于标准下限;施硒量为 200 g/hm² 时,各批次韭菜样品硒含量均达到上述标准;施硒量为 400 g/hm² 时,各批次韭菜样品硒含量基本满足上述标准要求,个别批次略高于富硒

蔬菜硒含量指标上限。对于硒酸钠处理而言,施硒量为 100 g/hm² 时,A 棚中各批次韭菜样品中硒含量基本满足标准,B 棚中各批次韭菜样品硒含量均高于富硒蔬菜硒含量指标上限;硒施量为 200 g/hm² 时,A、B 两棚中各批次韭菜样品硒含量同样偏高。整体上看 2 个大棚 3 批韭菜样品中硒含量变化不大,基本稳定,说明对于韭菜采用一次性土壤基施硒酸钠和亚硒酸钠的方法进行硒强化处理,其持续供硒能力基本可以满足韭菜一个生产季富硒生产的要求。但对于外源硒用量要根据试验地硒背景值和种植作物对硒的吸收响应特性进行适当调整。

(二)基施外源硒后韭菜大棚不同深度土壤硒含量

棚基施外源硒 133 天后,采集 0～5 cm、5～15 cm、15～30 cm 深度的土壤,测定土壤中总硒含量和 0.10 mol/L KH_2PO_4 浸提有效态硒含量。各处理组不同深度的土壤硒含量均高于对照组,亚硒酸钠处理的表层土壤(0～5 cm)硒含量显著高于中层(5～15 cm)和深层(15～30 cm)土壤,而中层土壤和深层土壤没有显著差异;硒酸钠处理不同深度的土壤硒含量没有显著差异。外源硒施入量均为 200 g/hm² 时,亚硒酸钠处理各层土壤硒含量均高于硒酸钠处理。

用 0.10 mol/L KH_2PO_4 浸提,测定各处理不同深度土壤中有效态硒含量,其结果和各试验处理不同深度土壤中总硒含量结果相似,亚硒酸钠处理表层土壤有效态硒含量显著高于中层和深层土壤,处理不同深度土壤中有效态硒含量无显著差异。比较 KH_2PO_4 浸提有效态硒与总硒含量的关系,发现各处理不同深度土壤中有效态硒占总硒百分比均不足 5%,即向土壤中施加外源硒——亚硒酸钠和硒酸钠后,95% 以上硒最终以较稳定的形态存在,不易被 0.10 mol/L KH_2PO_4 浸提出来。

(三)基施外源硒对土壤硒含量的影响

根据各批次收割韭菜样品中的硒含量和韭菜产量计算韭菜收割所带走的硒,即施入硒的回收率发现:亚硒酸钠处理为 200 g/hm² 和 400 g/hm² 的硒回收率分别为 2% 和 1%;硒酸钠处理为 100 g/hm² 和 200 g/hm² 的硒回收率分别为 10% 和 9%。施入土壤中的硒被韭菜吸收累积并通过收获韭菜地上部回收的部分不超过 10%,90% 以上的外源硒施入后都残留于土壤中。若假设残留于土壤中的硒全部均匀分布于一定厚度的土层,可计算出基施外源硒理论上对不同土层硒含量的影响。对 B 试验大棚而言,若土壤残留硒全部均匀分布于 0～5 cm 厚的表土层,Na_2SeO_3 为 200 g/hm² 和 400 g/hm²、Na_2SeO_4 为 100 g/hm² 和 200 g/hm²。4 个处理分别可使表层土壤硒含量增加 0.258 4 mg/kg、0.519 0 mg/kg、0.118 6 mg/kg 和 0.238 9 mg/kg;若土壤残留硒全部均匀分布于 0～15 cm 厚的土层,分别可使表层土壤硒含量增加 0.086 1 mg/kg、0.173 0 mg/kg、0.039 5 mg/kg 和 0.079 6 mg/kg;若土壤残留硒全部均匀分布于 0～30 cm 厚的土层,则分别可使表层土壤硒含量增加 0.043 1 mg/kg、0.086 5 mg/kg、0.019 8 mg/kg 和 0.039 8 mg/kg。

由于土壤残留的硒在土壤中的纵向迁移深度大于 30 cm,不同形态硒在土壤中纵向迁移速率也有差异,导致土壤残留硒的实际分布更加复杂。对比不同深度土壤中实测硒含量和理论值,可以发现施加亚硒酸钠的处理组表层土壤中实际硒含量显著高于理论计算值;施加硒酸钠为 100 g/hm² 的表层土壤中实际硒含量略高于理论值,而硒酸钠为 200 g/hm² 的处理实际硒含量低于理论值。这说明施入土壤中的亚硒酸钠和硒酸钠在土壤中并不是均匀分布的,亚硒酸钠主要残留于较浅的表层土壤中,而硒酸钠只有少部分残留于表层土壤中,大部分在土壤中发生了迁移。

二、施加硒代蛋氨酸和亚硒酸钠对韭菜总硒及硒形态的影响

张俊杰等(2019)在山东省淄博市博山区上瓦泉村有机富硒蔬菜园区进行试验。采用微波消解 – 电感耦合等离子体质谱测定韭菜和土壤中总硒的含量。

(一)富硒韭菜中总硒的测定

韭菜叶子经烘干杀青、微波消解后进行 ICP – MS 分析,以锗元素为内标,在 STD 模式下进行方法验证。以 11 次空白测定值的 3 倍标准偏差计算检出限。平行制备 6 份样品,分别测定后,计算其相对标准偏差,得出重复性。同一样品连续进样 6 次,测定相对标准偏差,得出精密度。测定重复性和精密度分别为 4.17% 和 1.52%;低、中和高浓度的加标回收率为 80.6% ~ 102.9%,该方法可使硒元素含量的测定稳定、准确和高灵敏。

(二)种植地土壤中总硒的测定

测试样品时,需要根据样品基质的实际情况,合理地使用校准方程。本试验土壤中硒浓度全部采用标准模式不加校准方程测定 82Se 得出。取硒标准溶液 10.0 ng/mL,系列稀释成含硒标准溶液 0.156 ng/mL、0.625 ng/mL、2.50 ng/mL、5.00 ng/mL、10.0 ng/mL 的混合标准溶液,用 2% 硝酸溶液定容。线性相关系数达到 0.999 8,得出土壤样品总硒含量为(0.36 ± 0.08)μg/g,此种植地土壤中硒含量较高,主要是施加硒肥导致的结果,利于韭菜植株通过土壤吸收硒元素。

(三)种植地土壤中总硒的测定

韭菜中硒形态的测定收集的硒形态 4 种标准物质,包括硒酸钠、亚硒酸钠、硒代半胱氨酸及硒代蛋氨酸标准溶液,经过阴离子交换柱分离、HPLC – ICP – MS 分析,15 min 之内可在色谱上达到良好的分离。这 4 种硒形态的混合标准溶液系列稀释成 5 ng/mL、10 ng/mL、50 ng/mL、100 ng/mL 和 1 000 ng/mL 的浓度的系列标准溶液,线性相关系数均在 0.997 3 以上。对韭菜硒形态进行提取分析,得出韭菜中主要含有亚硒酸盐形态,不存在其他 3 种硒形态。

(四)韭菜硒富集效果评价

施加硒肥后,韭菜硒含量与对照组相比明显升高,且升高程度与硒肥种类、施肥时间、施肥次数均有关系。2 种硒肥,若收割前两周只施 1 次,不论浓度大小,硒含量无明显的差别(A1、B1、C1、D1)。只施 1 次肥的情况下,收割前一周施肥,比收割前两周施肥,硒元素浓度要高(B1 vs B2、D1 vs D2)。对于 SeMet,施加 20 μg/g 的浓度,施 1 次跟施 2 次之间

差别不大,浓度升高至 40 μg/g 和 60 μg/g,施 2 次肥硒比施 1 次硒含量有明显的升高(A、B、C 组分别比较);对于 Na_2SeO_3,硒含量跟施肥时间、施肥次数均有关,收割前一周施比前两周施硒含量高,施 2 次肥比施一次硒含量高(D 组比较)。同等剂量 60 μg/g 的 SeMet 和 Na_2SeO_3,施 1 次硒含量无差别;施 2 次硒肥,施 Na_2SeO_3 比 SeMet 硒含量高(C1vsD1,C2vsD3)。随着韭菜中总硒浓度的升高,亚硒酸盐的浓度值一直保持稳定,亚硒酸盐在总硒中所占比例有下降趋势,推测施加硒肥的实验组,硒以其他的形态进行了富集,如流向硒蛋白及硒多糖的合成方向。

第七节 富硒芽菜及富硒对其营养品质的影响

一、富硒黄豆芽及其生产方法的研究

国外获得天然有机硒的主要途径是硒酵母。硒酵母的培养条件、培养方法和优良菌种的选育都比较复杂。国内已开发了富硒鸡蛋和富硒茶叶、富硒玉米制品等天然有机硒营养剂,并受到广大消费者的欢迎。但由于成本较高或者受环境条件的影响,这些产品在生产上还未能普遍推广。本试验通过研究富硒豆芽的生产,证明以无机硒化合物水溶液浸泡黄豆,并在适宜条件下发芽,能生产出富含有机硒的豆芽新品种。该产品生产周期短,工艺简单,成本低,易于推广应用,为获得有机硒提供了一种方便的渠道。

魏安池(1996)以河南省许昌市产的优质黄豆为试验材料,分别用硒酸钠、亚硒酸钠和二氧化硒配制硒溶液,测定了豆芽对硒的吸收作用、硒在豆芽中的存在形式以及富硒豆芽最佳生产条件的选择。

(一)豆芽对硒的吸收作用

分别测定了黄豆、常规法生产的豆芽和经硒溶液处理所生产豆芽的硒含量。试验结果表明,用硒溶液对黄豆浸种,并在发芽前期进行喷淋,长成的豆芽硒含量分别为黄豆和常规法生产的豆芽硒含量的数百倍,说明豆芽对硒有明显的吸收作用。

(二)硒在豆芽中的存在形式

硒在植物中主要是与蛋白质结合,以硒蛋氨酸、硒胱氨酸、硒半胱氨酸及其他硒氨基酸衍生物形式存在。利用硒溶液浸泡黄豆并在发芽前期进行喷淋,收获的豆芽经水反复清洗,硒含量没有明显变化。硒不是以物理吸附形式结合在豆芽表面的,而是通过组织内的生化作用为豆芽所吸收,是以有机结合态形式存在于豆芽中的。不过其详细机理还有待于进一步研究。

(三)富硒豆芽最佳生产条件的选择

硒溶液浓度为 300 mg/kg 时,生产出的豆芽硒含量最高,豆芽对硒的吸收效果最好。

硒溶液浓度太低或太高都不利于提高豆芽的硒含量。硒溶液浓度太高,还会对豆芽生长起抑制作用。随着生长温度的升高,豆芽对硒的吸收能力也增强。生长温度高于30 ℃时,豆芽容易腐烂,硒豆芽生产的温度控制在29 ℃左右为宜。当硒溶液仅用于浸种或仅用于发芽前期喷淋时,生产出的豆芽硒含量都不会很高。如果黄豆经硒溶液浸种后,在整个发芽生长期均使用硒溶液喷淋,豆芽的产量会受到影响,而且豆芽经反复清洗后,硒含量会有不同程度的损失,说明有部分硒是以物理吸附形式附着在豆芽表面的,要想得到含硒量高的豆芽,硒溶液的合理使用方法是对黄豆进行浸种并在发芽前期喷淋。配制硒溶液所用硒化合物的种类对豆芽的硒含量也有影响。当分别用硒酸钠、亚硒酸钠和二氧化硒配制硒溶液时,生产出的豆芽硒含量递减。

使用硒酸钠配制硒溶液生产的黄豆芽中硒含量最高,是由于高价态的硒较容易被植物吸收;用亚硒酸钠和二氧化硒配制硒溶液所产生的不同效果,可能是两种溶液的酸碱度不同造成的。根据极差 R 的大小,可知影响硒含量指标的主次因素依次为:硒溶液使用方法、温度、硒溶液浓度、硒化合物种类。

二、纳米硒对豌豆芽苗生理指标与品质的影响

肖贤等(2021)以湖北省大菜豌豌豆品种为试验材料,生物纳米硒购自湖北省农业科学院;采用纳米生物硒 4 个浓度处理后测定了豌豆芽的生物量、色素、品质和酶活性。

(一)纳米硒处理豌豆芽苗的生物量及色素含量

10 μmol/L、20 μmol/L、40 μmol/L 纳米硒处理组的生物量较对照组分别显著增加23.1%、23.4% 和14.8%;80 μmol/L 纳米硒处理后,生物量比对照组有所下降,降幅为17.3%,表明高浓度纳米硒处理对豌豆芽苗生长有显著的抑制作用。40 μmol/L 和80 μmol/L纳米硒处理显著提高豌豆芽苗的叶绿素 a、叶绿素 b 和类胡萝卜素含量,与对照组相比,40 μmol/L 纳米硒处理下 3 种光合色素含量分别提高 57.0%、54.7% 和38.5%,40 μmol/L 纳米硒处理后各色素含量较对照组分别增加 82.1%、75.4% 和59.1%。

(二)纳米硒处理豌豆芽苗的品质

20 μmol/L、80 μmol/L 纳米硒处理豌豆芽苗的维生素 C 含量提升效果显著,分别提高 127.9% 和80.7%;10 μmol/L 和40 μmol/L 纳米硒处理豌豆芽苗的维生素 C 分别提高51.4% 和47.8%,但未达显著性差异水平。10 μmol/L、20 μmol/L、40 μmol/L、80 μmol/L纳米硒处理豌豆芽苗的可溶性糖含量分别增加 101.9%、33.4%、23.5% 和35.8%,10 μmol/L纳米硒处理碗豆芽苗的可溶性糖含量增加显著。10 μmol/L、40 μmol/L 和80 μmol/L 纳米硒处理豌豆芽苗的可溶性蛋白含量增加,分别提高41.3%、48.7%和105.1%,80 μmol/L 纳米硒的处理效果最佳,较对照组差异显著;20 μmol/L 纳米硒处理的可溶性蛋白含量有所降低,降幅为 14.3%,但差异不显著。10 μmol/L 纳米硒处理豌豆芽苗的总黄酮含量提高 24.4%,差异显著;20 μmol/L、40 μmol/L 和80 μmol/L 纳米硒处理豌豆芽苗的总黄酮含量分别降低 5.4%、5.1% 和1.6%,差异不显著。

(三)纳米硒处理豌豆芽苗的 GSH 含量及抗氧化酶活性

40 μmol/L、80 μmol/L 纳米硒处理豌豆芽苗的 GSH 含量提升效果最佳,增幅分别达52.8% 和64.6%,差异显著;10 μmol/L、20 μmol/L 纳米硒处理豌豆芽苗的 GSH 含量差异不显著,但分别比对照组提高21.3% 和 26.8%。40 μmol/L 纳米硒处理的 SOD 活性比对照组提高7.3%,差异达显著水平;其他浓度纳米硒处理的 SOD 活性与对照组相比差异均不显著,其中,10 μmol/L 纳米硒处理的 SOD 活性较对照组提高 5.2%,20 μmol/L、80 μmol/L纳米硒处理豌豆芽苗的 SOD 活性较对照组分别降低1.3% 和2.2%。40 μmol/L和 80 μmol/L 纳米硒处理均能显著提高豌豆芽苗的 POD 活性,增幅分别达36.0% 和71.9%;10 μmol/L、20 μmol/L 纳米硒处理豌豆芽苗的 POD 活性分别降低 16.0% 和12.0%,差异不显著。40 μmol/L 纳米硒处理的 CAT 活性提高49.7%,差异达显著水平;80 μmol/L 处理豌豆芽苗的 CAT 活性显著降低,减幅为22.9%;10 μmol/L、20 μmol/L 纳米硒处理豌豆芽苗的 CAT 分别降低 4.2% 和9.3%,差异不显著。

(四)纳米硒处理豌豆芽苗的硒含量

纳米硒处理豌豆芽苗地上部和地下部的总硒含量均呈一定的剂量效应,随着外源硒施用浓度的增加,植株体内硒含量逐渐增加。其中 10 μmol/L、20 μmol/L、40 μmol/L、80 μmol/L 纳米硒处理地上部总硒含量分别是对照组的 3.52 倍、4.85 倍、6.44 倍和7.77倍,差异显著;各处理组豌豆芽苗地下部总硒含量较对照组含量增加更明显,分别是对照组的 14.89 倍、26.52 倍、52.22 倍和110.05 倍。就植株不同部位而言,根部比茎叶等地上部器官对纳米硒的累积能力更强,含量更高,但二者对不同浓度纳米硒处理的响应方式一致。

三、富硒处理对绿豆 GSH-Px 活性及 GSH 含量的影响

吴小勇以绿豆为研究对象,研究了适当浓度的亚硒酸钠溶液浸泡处理对绿豆 GSH-Px 活性及绿豆中 GSH 含量的影响。

(一)浸泡和萌芽过程中绿豆硒含量的变化

亚硒酸钠溶液浸泡处理对绿豆的硒含量有显著影响。随着浸泡时间的增加,绿豆总硒含量逐渐增加。当浸泡时间为 5 h 时,绿豆总硒含量达到 12.204 6 μg/g,是对照样总硒含量(0.706 0 μg/g)的 17 倍。在浸泡初期(浸泡 1 h、3 h),绿豆对外源硒的转化率较低,被吸收的无机硒多数仍以无机形式存于绿豆中;浸泡 3 h 后,绿豆吸收的无机硒开始迅速转化成有机硒,一直到此后的萌芽阶段,绿豆中有机硒占总硒含量的90% 以上。

(二)硒对绿豆 GSH-Px 活性的影响

GSH-Px 是一种含硒酶,硒以 SeCys 的形式存在于酶的活性中心。硒在生物体内的抗氧化作用,主要是通过 GSH-Px 来实现的。有研究表明,硒对高等植物中 GSH-Px 活性及 GSH 含量具有一定的影响,外源硒处理,可以在一定程度上提高高等植物中 GSH-

Px 活性。外源硒的存在对绿豆 GSH - Px 活性具有积极作用,绿豆 GSH - Px 的合成与硒的摄入和利用呈正相关;随着浸泡时间的延长,绿豆的硒含量逐渐增加,绿豆 GSH - Px 活性也逐渐升高,而且升高的幅度比对照样大,这可能是由于硒作为诱导因子,启动了该酶合成有关的基因,从而增加了该酶在绿豆中的含量和活性。

(三)浸泡和萌芽过程中绿豆中 GSH 含量变化

GSH 是植物体内普遍存在的强还原性物质,参与机体内多种氧化还原反应,也是植物体内保护性酶——抗坏血酸过氧化物酶及 GSH - Px 发挥抗氧化功能的重要辅助物质。结果表明:在浸泡过程中,富硒绿豆中 GSH 含量随浸泡时间的延长而逐渐降低;但在萌芽阶段,富硒绿豆中 GSH 含量随萌芽时间的延长直线上升;而对照样不管是在浸泡还是在萌芽阶段,绿豆中 GSH 含量均随浸泡和萌芽时间的延长而升高,且对照样中 GSH 含量除浸泡初始阶段低于富硒绿豆外,其他阶段均高于富硒绿豆,这可能与绿豆 GSH - Px 活性高低密切相关。与对照样相比,除浸泡初始阶段外,其他阶段富硒绿豆 GSH - Px 活性均高于对照样。GSH 作为 GSH - Px 的作用底物,当绿豆 GSH - Px 活性增加时,GSH 的消耗量就会增加;当绿豆中 GSH 的消耗量大于合成量时,绿豆中 GSH 的含量就会降低。由于富硒处理可以提高绿豆 GSH - Px 活性,因此当富硒绿豆 GSH - Px 活性大大高于对照样时,富硒绿豆中的 GSH 含量就会低于对照样。

试验以绿豆为材料,用 Na_2SeO_3 作为硒源,对绿豆进行富硒处理,研究绿豆富硒过程中绿豆 GSH - Px 活性及绿豆中 GSH 含量的变化情况。富硒处理可以促进绿豆 GSH - Px 的合成。无论是浸泡过程还是萌芽阶段,经富硒处理的绿豆 GSH - Px 活性都比对照样高,而作为 GSH - Px 的作用底物之一的 GSH 在富硒绿豆中的含量却普遍比对照样低,这证明了富硒处理可以提高绿豆 GSH - Px 活性。

第八节　外源硒对草莓生长和品质的影响

通过田间试验、植株生长特性及果实品质调查,筛选出符合日光温室草莓生长发育的处理硒时期,改善草莓的外观品质和食用品质等,解决草莓种植户的实际需求,提高休闲观光采摘农业产品质量,填补富硒草莓在黑龙江省农业市场上的空白。在日光温室生产中应用生物活性硒营养液,达到促进植物生长、改善果实品质、减少病虫害的效果。通过分析冬春日光温室栽培条件下有机硒的不同喷施方式对草莓株高、叶绿素、硒含量等的影响,研究有机硒肥对草莓品质的调控效应,以期为硒在草莓种植中的推广应用提供理论依据。

一、材料与方法

(一)试验材料

试验于 2021 年 11 月—2022 年 2 月在黑龙江省农业科学院园艺分院草莓日光温室中进行。供试品种为"红颜",2021 年 9 月营养钵苗定植,行距 100 cm,株距 15 cm,垄高 30 cm。营养液为麦佳氧菜园叶菜专用营养液,供试硒为生物活性硒营养液(奥可富)。

(二)试验方法

试验设置 1 个处理组:生物活性硒营养液 300 倍液叶面喷施组;对照组(CK)。每个处理 25 m²,3 次重复,12 月 10 日第 1 次喷硒处理之后,每隔 15 天喷 1 次,喷施后 10 天采样测定。

(三)指标测定

株高用常规方法测量;用叶绿素仪测定草莓 SPAD 值;可溶性固形物用日本 ATAGO (爱拓)PAL－1 数显折射仪测定;果实全硒采用原子荧光光谱仪法测定,样品于喷施 10 天采摘后委托黑龙江谱尼测试科技有限公司测定。

(四)数据处理

数据整理及分析采用 Excel 进行。

二、结果与分析

(一)生物活性硒对叶绿素含量的影响

相比对照组,处理组的叶绿素含量有所升高,第 3 次喷施后有显著提高。处理后果实硒含量、叶片叶绿素 SPAD 值相对升高。随着采样时间的推延,叶绿素含量出现先升后降的趋势。硒肥浓度和施肥时期对草莓叶绿素含量都有促进作用,可进一步研究其对植物生长的影响。

(二)生物活性硒对株高的影响

喷施硒肥后植株地上部高度有一定增高,第 2 次施肥后处理组与对照组有差异性区别,在第 3 次施肥后有显著性增高。虽然适量的硒能增加草莓光合色素含量,从而促进其光合作用与植株生长,但株高可能还同时受到光照等其他因素的影响。

(三)生物活性硒对可溶性固形物和硬度的影响

喷施硒肥能显著性提高可溶性固形物含量,与对照组相比,处理组的可溶性固形物含量显著提高;从第 2 次喷施后,可溶性固形物含量随生长出现变化,300 倍液叶面喷施对可溶性固形物的积累有显著性作用,对第一花序第一果有明显的增大作用。喷施 3 次后,果实的硬度有明显的增加,果实在冰箱 4 ℃条件下贮藏期明显延长。

(四)生物活性硒对草莓有机硒含量的影响

根据表3-6可以看出,在不同硒肥浓度和施肥时间处理下,相比对照组,处理组的草莓中硒含量达到了0.280 mg/kg,叶面喷施方式更利于植株吸收,处理后硒含量明显升高。

表3-6　叶面喷施硒肥对红颜草莓光合色素含量及果实特性的影响

指标	红颜对照组	红颜处理组
叶绿素相对含量/spad值	51.7	52.5
平均单果重/g	27.08	36.15
果实硬度/(kg/cm^2)	0.68	0.94
可溶性固形物/%	7.84	9.08
纵径/mm	47.82	49.62
横径/mm	38.96	41.85
果形指数(纵径/横径)	1.23	1.19

三、小结与讨论

喷施次数及喷施时间硒肥对草莓品质的影响。叶面喷施300倍液的生物活性硒营养液可明显促进草莓生长,比在根部喷施硒肥对叶绿素生成的促进作用小,可能与植物对有机硒的吸收部位和机理有关。与对照相比,叶绿素SPAD值有所升高,植株可能因为促进了光合作用,从而促进了生长。添加生物活性有机硒,不仅有利于草莓生长,而且增加了其他营养物质的含量,提高了品质。通过喷施硒肥,草莓中的硒含量明显增多,施肥方式对硒含量也有一定影响。试验中叶面喷施硒肥处理对草莓有机硒含量提高效果很好,提高了叶绿素的相对含量,增加了果实硬度。喷施硒肥不仅显著提高了草莓叶片光合作用,增加了叶绿素含量,促进了草莓生长,而且能较好地提高草莓果实的品质和硬度。

采用叶面喷施生物活性硒营养液(奥可富)可促进草莓对硒的吸收,提高草莓果实的含硒量。呼世斌等(1998)对秦冠苹果采用不同浓度的硒溶液进行了花期喷施,可使鲜果含硒量比CK提高6.55倍、7.11倍和1.3倍。本试验采用300倍液的硒肥对草莓进行叶面多次喷施,相比于对照草莓果实内的有机硒含量显著提高。按照杨光圻等(1989)推荐的标准,我国健康人每人每天对硒的需要量为0.04~0.40 mg/kg,若食用本试验中的富硒草莓,每人每天吃500 g,即可摄入足够的硒,再加上所摄入的其他食品,基本上可以满足人体健康的需求量,又远远低于人体的最高需要量,是安全的。

第四章　黑龙江省富硒蔬菜栽培技术

第一节　黑龙江省蔬菜生产现状及前景分析

一、黑龙江省蔬菜生产现状

由于黑龙江省自然和地理优势明显,加之交通运输业日益发达,生产的洋葱、黄瓜、胡萝卜、番茄、甘蓝等蔬菜可出口到日本、韩国和俄罗斯,已成为我国重要的出口蔬菜生产基地。随着黑龙江省种植业结构调整步伐的加快,黑龙江省蔬菜产业已进入快速发展的黄金期。截至 2020 年黑龙江省安达市、尚志市、双城市、绥化市北林区、东宁市、富锦市被列为保障夏季和中秋、国庆期间全国蔬菜供应的重点发展区域。同时黑龙江省蔬菜产业"十三五"发展规划确定全省设施蔬菜每年新增 0.67 万 hm^2 的发展目标,蔬菜在种植业中占有举足轻重的地位,在种植业中经济比重已经超过一般的大田作物。蔬菜生产区域布局初步形成了大中城市郊区设施蔬菜基地、北菜南运基地、外向型蔬菜基地和加工型蔬菜基地。目前建立各种蔬菜专业合作社 2 000 余家,而且规模大,有近百家非涉农企业携巨资进入蔬菜产业领域。国务院批准的"两大平原"现代农业综合配套改革试验总体方案确定,哈尔滨市、齐齐哈尔市、绥化市等地重点发展城郊蔬菜生产;在佳木斯市、鹤岗市、鸡西市等地重点发展沿边出口蔬菜生产;在哈尔滨市、绥化市、大庆市等地重点发展夏秋菜南销生产。黑龙江省人民政府已出台《关于扶持标准化绿色蔬菜生产基地建设的意见》,重点开拓南方夏秋市场,坚持露地和设施蔬菜同步推进,大力发展绿色和有机蔬菜,打造一批生产标准高、产品质量好、产业链条增收效益好的标准化"北菜南销"蔬菜生产基地。哈尔滨市设施蔬菜的种植在黑龙江省"菜篮子"工程中占有重要地位。2020 年,黑龙江全省蔬菜种植面积达到 100 万 hm^2,哈尔滨市蔬菜种植面积约 35 万 hm^2,其中设施蔬菜种植面积约为 7.3 万 hm^2。

二、黑龙江省蔬菜产业发展优势

(一)地理与自然环境优势

由于黑龙江省具有独特的自然和区位优势,夏季温和的气候可生产出南方夏季不能生产或产量很低的优质蔬菜作物,如 7—9 月生产的辣椒、油豆角、番茄、菇娘、甜瓜、西瓜、白萝卜等目前销往广州市、上海市、北京市,黑龙江省已经成为我国重要的北菜南运和绿色蔬菜生产基地。油豆角、番茄、小毛葱、大蒜、旱黄瓜、干椒、茄子成为全国有优势的寒地蔬菜种类。

(二)产业发展形成了一定规模

黑龙江省政府通过加大政策扶持力度、科技服务力度、市场开拓力度,重点打造了五大优质蔬菜产业集群、七大露地大宗蔬菜优势区、4个特色蔬菜基地,20个"菜园革命"核心示范区,全省蔬菜产业呈现蓬勃发展之势,成为加快现代农业高质量发展和促进农民增收的重要途径。

蔬菜产业已由小户分散生产向合作化生产转变。全省蔬菜合作社1 000余个,建设蔬菜高标准绿色示范区72个,带动3 000户农户参与蔬菜种植。掀起"菜园革命",蔬菜生产区域布局初步形成了大中城市郊区设施蔬菜基地、北菜南运基地、外向型蔬菜基地和加工型蔬菜基地。

(三)寒地蔬菜产业技术优势

经过黑龙江省各科研院所30多年的研究和实践积累,蔬菜科技取得了长足进展,审定的番茄、黄瓜、大白菜、茄子、辣椒、菜豆、西瓜、甜瓜、南瓜等蔬菜系列新品种100余个;相继开发了东农系列、龙园系列节能日光温室,为黑龙江省蔬菜提早延后供应做出了巨大贡献;设施蔬菜土壤生态环境研究方面达到或接近国内领先水平;获各类科研奖励20余项,其中国家科技进步二等奖1项,省科技进步一等奖7项,省长特别奖2项;成果已推广到全国20个省市及黑龙江省40多个市县,面积达30.6万 hm^2,累计新增社会效益近50亿元。

三、黑龙江省蔬菜产业发展存在的问题

黑龙江省蔬菜生产快速发展,产量大幅增长,呈现良好的发展态势,目前已成为我国重要的出口蔬菜生产基地、北菜南运基地和绿色蔬菜生产基地,但现有技术储备不能满足蔬菜行业发展的需要,与快速发展不协调,整个产业链上下游资源发展不均衡,并存在一定的问题。

(一)蔬菜种业科研与产业发展不匹配

黑龙江省现有的种子公司仅有2～3家规模较大的有相应的科研人员,其他小型的种子公司没有科研能力,品种选育主要由高校和科研单位进行,经营与研发脱节。尽管黑龙江省已经育成了大量的蔬菜品种,但是能够大面积推广的比较少,适合寒地生产、优势出口产品的蔬菜品种更少,主要依赖进口,种子价格昂贵。为此黑龙江省科技厅在"十二五"和"十三五"分别启动了大宗蔬菜新品种选育项目,目的是提升拥有自主知识产权的蔬菜种在国内市场的占有率,尤其是东北地区的主栽面积。针对高品质番茄的需求,东北农业大学选育了"高糖100""高糖200""黄妃"等系列品种,但目前适合黑龙江省冬春

保护地生产的番茄品种主要依靠荷兰、美国进口,主要为红果形番茄品种,用于供应 7—8 月的上海市场;适合冬春保护地生产的黄瓜品种主要为从天津黄瓜研究所引进的"津春"系列和"德瑞特"系列,水果黄瓜为中国农业科学院、北京市农林科学院选育的"迷你"系列,华南型黄瓜主要为省农科院园艺分院选育的"龙园"系列如"绿春""绣春""绿剑""欣剑"以及夏秋专用型的雌性系黄瓜"盛秋 2 号"和大刺瘤口感型的"2096",腌渍型黄瓜则为黑龙江大学选育的优质品种。适合春夏生产的大白菜品种主要从韩国、日本进口,省内反季节栽培大白菜育种刚起步,适合秋季露地生产的大白菜品种主要从山东省调运,因适应性和抗病性问题,经常减产歉收,省内近几年育成的几个大白菜品种,产业化开发刚刚起步;适合夏季露地生产的茄子品种主要由黑龙江省农业科学院和哈尔滨市农业科学院选育的"龙园"系列和"哈农杂茄"系列;春大棚主要为台湾省的大龙长茄,适合冬春保护地生产的茄子品种主要依靠荷兰进口;适合黑龙江省栽培的辣椒品种主要从湖南湘研种业有限公司引进,干椒品种主要为韩国的"金塔"、彩椒品种从荷兰、韩国进口;菜豆品种以黑龙江大学选育的黑大系列和部分地方品种为主;洋葱品种主要从日本和欧美进口。

(二)产业中游——生产发展迅猛,存在诸多问题

一是设施蔬菜发展缺少必备的技术支撑与统一规划。黑龙江省地处高寒高纬度地区,过去的日光温室设计是以提早延后为目的的,现在各级部门提出冬季蔬菜生产,出现了各式各样的温室,结构不合理,采光和保温性能差,有的破坏了土地耕层,有的耗能高。黑龙江省设施蔬菜发展需要尽快建立适合黑龙江省气候条件的日光温室设计标准,确定符合新农村建设的棚室发展规划。

二是缺少标准化的安全生产模式。黑龙江省蔬菜生产发展迅速,但生产技术落后,依旧是传统生产。蔬菜规模化生产需要建立标准化、安全生产模式,省内技术监督部门制定了一系列生产标准,但这些标准缺乏可操作性。目前黑龙江省蔬菜生产急需建立设施蔬菜越冬栽培模式、露地蔬菜安全生产模式、节工节力简化栽培模式。

三是集约化育苗与机械化水平程度低。蔬菜规模化生产必须建立在节能高效基础上,集约化育苗是现代蔬菜产业发展的必然途径,目前黑龙江省尚未建成集约化育苗厂。为解决劳动力紧缺问题,蔬菜生产由劳动密集型向机械化转变,但蔬菜移栽、收获机械不能满足生产需求。

(三)产业下游——出口加工、销售滞后主要体现在产后处理技术与冷链物流落后

外销蔬菜依靠冷链物流实现,是依靠制冷来保存和运输产品,并包括最佳卫生条件、气体调节、包装、分级等诸多辅助措施的技术体系。黑龙江省尚未开展相关技术研究,还没有实现冷链物流,严重制约了黑龙江省北菜南运和出口。黑龙江省蔬菜加工严重滞后,缺少规模化加工企业,尤其缺少深加工企业。目前黑龙江省北菜南运、出口蔬菜发展趋势较好,但缺少规模化经营,销售零散,缺少大型龙头企业。

四、黑龙江省蔬菜产业发展建议

黑龙江省正处于蔬菜产业发展的关键阶段,各级有关部门要按照省委省政府的要求,以建设蔬菜质量效益强省为目标,以全面提升蔬菜产品质量及品牌为核心,把发展优质、高效、生态、安全的蔬菜产业作为推进农业结构调整、转变发展方式、增加农民收入的重要手段,把保障蔬菜供应作为民生大计。因此加强蔬菜育种、栽培、采后相关应用基础研究,提升应用技术,增强技术优势,引进、利用国内外相关的先进技术成果提升黑龙江省蔬菜生产水平,实现跨越式发展,提高黑龙江省蔬菜产业在国内外市场的竞争能力,是十分必要的。针对优良品种培育与示范推广、生产设施结构优化与配套栽培技术、采后处理与冷链物流等促进蔬菜产业发展的关键问题,加快科技创新,加速和提高成果的转化率、应用率和普及率,促进蔬菜产业整体竞争力和效益的提升,同时加强蔬菜发展统一。

(一)加大科技研发资金投入

针对黑龙江省蔬菜产业发展流通瓶颈问题,重点对黑龙江省优势蔬菜新品种选育、配套设施与栽培技术、采后与冷链物流技术进行攻关。因此要以市场需求为导向,围绕均衡供应,重点开展适合冬春设施栽培的蔬菜品种和夏秋露地蔬菜品种研发,实现新品种突破,实现高端品种国产化和自给,引领和支撑蔬菜产业的可持续发展,提高黑龙江省蔬菜种业水平和产业化水平。

近年来黑龙江省设施蔬菜无序发展、灾害性天气频发,根据提早延后、越冬等不同栽培模式,首先要尽快研究开发科学实用的各类棚室优型结构,建立设施结构实施规范,并制定相应的标准化栽培模式,为黑龙江省设施蔬菜产业发展提供依据,增强黑龙江省设施蔬菜生产能力。其次要围绕蔬菜标准化技术支撑体系的建立,大力加强露地蔬菜、棚室蔬菜栽培技术的研究、集成和应用。最后要加大病虫害监测、防控技术的集成示范,完善各项技术操作规程,科学防控病虫害。

加快节本增效先进实用技术研发是促进蔬菜产业发展的重要手段。随着蔬菜规模化、企业化生产越来越多,劳动力成本越来越高,机械化操作水平低等问题已成为制约黑龙江省蔬菜发展的瓶颈。因此今后蔬菜生产要简化操作程序,加大对简化栽培技术和机械化、自动化生产技术及装备的研发,切实减轻菜农劳动强度,提高生产效率。

黑龙江省蔬菜产业的可持续发展必须在保证销路基础上,因此需加强采后分级、清洗、冷藏保鲜、包装等冷链物流技术的研究应用,加快对脱水、速冻、深加工等加工技术研发,通过拓宽市场、提高加工转化率和产品附加值,为蔬菜产业的健康快速发展提供科技支撑。

(二)制定黑龙江省蔬菜发展规划

针对黑龙江省蔬菜生产快速发展态势,要根据区域优势尽快确立外向型蔬菜生产基地实施区域,外向型蔬菜生产基地不宜分散。黑龙江省外向型蔬菜生产基地可分为出口加工基地和北菜南运基地,每个基地要控制在相邻的 1 ~ 2 个县内,基地集中便于物流运输,如山东省寿光市。黑龙江省适合北菜南运的蔬菜,主要是7—9月露地生产的大白菜、油豆角、西甜瓜,7—8月棚室生产的番茄,因此各地市县发展设施蔬菜要以供应当地为主,适度控制发展规模,重点确定1~2个相邻市县集中发展设施蔬菜和露地蔬菜,实现北菜南运规模化。

财政扶持蔬菜发展资金要重点用于仓储、物流运输上,黑龙江省蔬菜产业发展的瓶颈除科技之外,就是冷链物流运输。外销蔬菜要依靠冷链物流实现,最佳卫生条件、包装、分级等诸多辅助措施是保证稳定销路的基础。目前黑龙江省蔬菜外销不具备冷链物流运输条件,没有建成蔬菜冷链物流园区。过去黑龙江省财政扶持蔬菜发展资金主要用于设施、示范园区建设,仓储、物流运输明显滞后,导致蔬菜产业发展链条不均匀,有弱点。财政资金除扶持发展蔬菜生产外,开始在蔬菜窖储上给予补贴,逐步引导蔬菜产业链条延伸。建议财政扶持蔬菜发展资金要重点用于物流运输上,在外向型蔬菜生产基地建立冷库、物流园区,对销售企业给予支持,尽快实现外销蔬菜包装、分级、冷链物流。

第二节　黑龙江省富硒大蒜栽培技术

大蒜具有富集硒的能力,大蒜本身具有重要的生理活性,可有效提高免疫力,清除体内活性自由基,可与硒产生协同增效作用。因此在富硒土壤上或采用富硒技术生产富硒大蒜,是最佳选择。富硒大蒜具有如下功能:

(1)抗癌、抗氧化、杀菌消炎、增强免疫力、延缓衰老、抗重金属中毒、抗辐射损伤,以及减轻化学致癌物、农药和间接致癌物的毒副作用;

(2)对肝癌、胃癌、胃腺癌、前列腺癌、心血管疾病、神经性病变、炎性病、肿瘤等疾病有治疗和预防作用;

(3)在动物、水产和养殖业使用,能降低发病率、死亡率,可代替抗生素防止多种疾病的发生,并能有效提高动物的免疫功能和繁殖率;

(4)富硒大蒜的抗菌消炎功能远大于普通大蒜,因此有权威专家称"富硒大蒜是地里长出来的抗生素";

(5)美国癌症研究协会的试验表明,富硒大蒜的抗癌效果比普通大蒜高150~300倍,因此预言"富硒大蒜油是21世纪后期全世界最理想的抗癌圣药",关于富硒大蒜的药用价值和发展前景,德国康维公司(全球最权威的大蒜研究所)的科研结果表明:大蒜中含有的硒和锗78%贮存在"大蒜辣素"中,采用富硒大蒜为原料提取"大蒜油""大蒜辣素"和"新大蒜素"是最佳方案。当富硒大蒜中的硒比普通大蒜高60倍时,提取的"大蒜素晶体"是迄今为止全球具有最高抗菌效果的抗生素,可取代现有大多数抗生素,并且无抗药性。

1994年我国成功栽培获得富硒大蒜,并完成了富硒大蒜体外抑癌作用、体内预防 N－

甲基－N′－硝基－N－亚硝基胍(MNNG)诱发大鼠胃癌,防治裸小鼠和大鼠移植性胃癌、胃腺癌和高血脂症效果的调查研究,证明硒的掺入显著提高大蒜防抗病活性,富硒大蒜中硒的活性高于亚硒酸钠。之后,检测发现大蒜中主要含 Se－甲基硒半胱氨酸和 γ－谷氨酰胺－Se－甲基硒半胱氨酸,不同于传统概念上的膳食硒形态。国外学者比较富硒大蒜和硒酵母对 7,12－二甲基苯蒽(DMBA)和甲基亚硝基脲(MNU)诱发的乳腺癌的抑制效果,硒酵母主要含硒蛋氨酸,结果证明富硒大蒜比硒酵母更能有效抑制乳腺癌的发生和发展。此外,检测还发现食用富硒大蒜大鼠的肝、肾、乳腺、肌肉和血浆中累积的硒含量显著低于食用硒酵母的,避免了因组织累积过量硒而导致的硒中毒现象。一项研究证实分别摄入以 Se－甲基硒半胱氨酸和硒蛋氨酸为主的饲料,前者大鼠血清 GSH－Px 活性显著低于后者,但前者预防结肠癌活性则显著高于后者,Se－甲基硒半胱氨酸抗氧化功能不及硒蛋氨酸,但 Se－甲基硒半胱氨酸至少部分地通过其他作用机理发挥较高防癌活性。

国外研究还证实,Se－甲基硒半胱氨酸具有调节大鼠乳腺癌癌前病变损伤细胞的生长和凋亡的作用,γ－谷氨酰胺－Se－甲基硒半胱氨酸和 Se－甲基硒半胱氨酸具有极其相似的生物活性。通过比较 6 种合成的 Se－烷基硒代半胱氨酸及其衍生物对两种小鼠乳腺上皮细胞株生长、细胞凋亡和 DNA 损伤的影响,得出 Se－甲基硒代半胱氨酸活性最高。可见,富硒大蒜是高效硒和硫化合物的载体植物,其中的含硒化合物是目前在生物材料中发现并证实的活性最高的硒种类。大蒜中的含硒化合物不仅具有抗氧化功能,还可通过其他作用机理发挥功能活性。

在黑龙江省种植富硒大蒜可以选择在宝清县、富锦市,也可以在大蒜种植区采用人工加施生物硒的方法,即可种植出优质的富硒大蒜。现将其栽培技术介绍如下。

一、品种选择

选择黑龙江省的阿城大蒜或者八瓣蒜。选择人工扒皮掰蒜,去掉大蒜托盘和茎盘,按大、中、小和蒜心分级,选择粒大、无损伤、无光皮的蒜瓣做种,蒜种原则要求每粒种瓣重5 g 左右(图4－1)。

二、整地施肥

大蒜对土壤要求不高,但在富含有机质、疏松肥沃、排水良好的土壤中较丰收,故应选择地势平坦的地块种植。要求深耕细耙、精细整地。在前作收获后应及时施基肥,每苗施腐熟有机肥5 000 kg、大蒜专用复合肥30 kg 或尿素10 kg、磷肥15 kg、钾肥20 kg。均匀撒施,然后立即耕地,翻土深20～30 cm,细耕细搂2～3 遍,使肥与耕层土充分混匀,做到地平肥匀。

图 4-1　紫皮蒜和八瓣蒜

三、播种

(一)适期播种

黑龙江省宜在 4 月初播种大蒜,要在畦面开沟播种,沟深 4~5 cm,株行距 20×16 cm,每沟播种 1~2 粒种子,播种后盖上一层 1 cm 厚的薄土,再浇水使土壤湿润。

(二)合理密植

合理密植是使大蒜优质高产的关键措施。栽培适宜密度应掌握在每亩栽 3~4 万株,株距为 6~8 cm,行距为 20 cm,每亩用种量应在 150~200 kg,大蒜瓣播种宜稀,小蒜瓣播种宜密。

(三)播种方法

播种有开沟点播和打孔点播。开沟法就是从墒的一侧以 20 cm 的行距用角锄开 5~6 cm 深的浅沟,在沟内按 6~8 cm 的株距整齐一致地摆蒜,播后顺手覆土。整墒播完后将墒面土搂平。打孔按计划的株行距,播种时打孔深 6~7 cm,孔粗以能顺利播入种瓣为准,点种后用土填实孔眼即可。

四、田间管理

(一)发芽期管理

大蒜适期播种后 10~20 天即可出苗,此时应保持土壤湿润,利于出苗快而齐。但不能过湿,否则易造成闷芽、烂根、烂母、缺苗断垄且苗瘦弱、表土板结,不利于出苗。积水时要排水降渍。

(二)苗期管理

大蒜齐苗后,应控水促根,不旱不浇,浇后松土。越冬前适当蹲苗,结合中耕及时除草,防止草荒,为使幼苗生长健壮,在施足底肥的基础上须视苗情和地力,及时追氮、钾肥 1~2 次。如不在富锦市、宝清县等地进行也可在苗期喷施生物富硒肥 1 次。

(三)膨大期管理

蒜头膨大期是使蒜头优质、高产、高效益的关键时期,进一步加强肥水管理,视苗情和地力,在浇催头水时再喷施 1 次生物富硒肥,适量追施 1 次速效化肥,每亩用尿素 5 kg。

五、病虫草害防治

(一)草害防治

以农业防除为基础、化学防除为关键策略,综合运用。农业防除法采用深翻整地、中耕除草、轮作换茬等措施。化学防除法的操作方式为大蒜播种后出芽前防禾本科草用 48% 氟禾灵 200~250 mL、33% 除草通 200~250 mL 兑水 40~60 L 均匀喷雾。阔叶草的防除是在大蒜出芽前每亩用 50% 扑草净 80~100 g 兑水 30~40 L,或 24% 果尔 50 mL、37% 抑草宁 170 mL 兑水 50~60 L 喷雾。使用除草剂要求土壤湿润,有利于草籽发芽,才能发挥除草剂的除草效果。

(二)病害防治

病毒病:运用脱毒蒜种,消灭大蒜植株生长期间及贮藏期间的蚜虫、蓟马等传毒媒介。大蒜田周围不要种植其他葱属作物,如大葱、小葱、韭菜等;实行 3~4 年轮作,避免与其他葱属作物连作;从幼苗期开始,及时拔除发病植株,以减少病害传播。发病初期每亩用 1.5% 植病灵乳油、20% 病毒 A 可湿性粉剂、83 增抗剂,每隔 10 天喷 1 次,连续喷 2~3 次。

叶枯病:叶枯病是大蒜生长期的主要病害,危害严重时大蒜不易抽薹,影响大蒜产量,一般 4 月中旬发病初期每亩用 75% 百菌清可湿性粉剂 100 g,对水稀释 1 000 倍喷雾 1 次即可。

(三)虫害防治

蒜蛆:在蒜蛆偏重发生的地块,结合整地,在大蒜种植开沟时,每亩沟施草木灰 40 kg,能有效控制蒜蛆发生。蒜蛆危害严重时,每亩用 50% 辛硫磷乳油 100 mL,兑水稀释 800

倍灌根。

六、采收

大蒜叶片发黄、蒜瓣突出时收获。收获后及时晾晒干透,防暴晒、防糖化。适期收获是提高蒜头产量、质量的最后一环。收获过早,蒜头嫩而水分高,组织不充实、不饱满,晾干后易干瘪、低产、质劣,收获过迟,蒜皮发黑、散瓣裂瓣蒜增多,商品性下降。

第三节　黑龙江省富硒茄子栽培技术

茄子是我国北方地区的四大夏菜之一。茄子适应性广,结果期长、产量高。茄子的营养价值很高,其主要成分有葫芦巴碱、水苏碱、胆碱、氨基酸、钙、磷、铁及维生素 A、维生素 B、维生素 C,尤其是糖分含量较番茄高一倍。茄子既可冷拌,也宜熟烹、盐渍。古代医学研究证实,常食茄子不易得黄疸病、肝脏肿大、动脉硬化等病。茄子相比其他蔬菜更有营养是因为其富含维生素 P,其中以紫色品种含量最高。维生素 P 能增强人体细胞的黏着力,增加毛细血管的弹性,有防止坏血病和增进心肌供血的功能。因此常吃茄子对高血压、动脉粥样硬化、咯血病、紫癜病及坏血病等疾病有预防作用。茄子生长周期较长,在我国东北地区有春季大棚栽培和露地栽培等方式,按照栽培技术可以分为自根栽培和嫁接栽培等。

一、品种选择

在黑龙江省,早春茄子栽培应选用抗寒性强、耐低温弱光、生长势中等、丰产性好、抗病性强的品种。目前比较适宜的大棚品种为"龙杂茄 201""大龙长茄";露地栽培的有"龙杂茄 16 号""哈农杂茄 1 号"等(图 4－2)。

(a)　　　　　　　　(b)

图 4－2　"龙杂茄 201"和"龙杂茄 16 号"

二、培育壮苗

(一)定植时间

早春大棚栽培的播种期在 1 月中下旬,定植期在 3 月下旬或 4 月初,果实采收期为 5 月中旬到 7 月上旬,如果采用嫁接栽培技术,可一直采收到 10 月下旬。秋延后大棚栽培的播种期在 4 月下旬或 5 月初,定植期在 6 月下旬或 7 月初,采收期在 8 月中旬到 10 月中下旬。露地栽培则在 3 月中旬育苗,哈尔滨市 5 月下旬定植。

(二)播种

为使砧木和接穗的最适嫁接期协调一致,砧木应比接穗提前播种,托鲁巴姆砧木较接穗提前 30 ~ 35 天播种,低温季节取上限,高温季节取下限。当砧木和接穗长到 2 ~ 3 片真叶时分苗,移入营养钵内,营养土要求为腐熟的优质有机肥,营养元素齐全,加快缓苗速度以及促进幼苗期植株的生长发育。移栽时要浇透底水,移栽后适当遮阴以加快其缓苗过程。分苗缓苗后,追 1 次提苗肥。如果采用苗床移苗,可在苗床内撒一层肥土,配制比例为大粪干∶饼肥∶腐熟马粪∶细土 = 1∶1∶1∶8。提高幼苗的抗性,促进幼苗根、茎、叶的健壮生长和早期花芽分化。

(三)嫁接栽培

春大棚茄子生产中黄萎病、根结线虫病等土壤传播病害十分严重,危害很大,一般死秧 50% ~ 70%,严重的甚至绝收,嫁接茄子从根本上防止这些土壤传播病的发生。嫁接后的植株可生长到 1.5 ~ 2 m,采摘期长达 200 多天。在产量方面,平均每株可采收茄子 30 多个,最多每株可采收茄子 40 ~ 50 个,667 m² 产量可达 10 000 kg。在商品性方面,嫁接茄子单果重大、品质好,最重要的是嫁接茄子抗病性强,减少了农药的使用量,从而减少了茄子农药的残留量。目前生产上采用比较多的为托鲁巴姆,是较理想的砧木材料。当砧木长到 6 ~ 8 片真叶时,接穗长到 5 ~ 7 片真叶时,茎粗 3 ~ 5 mm,茎半木质化时(切开时露白茬)为最佳嫁接时期。嫁接方法多采用劈接法或斜切接法。

(四)嫁接后管理

茄子嫁接后应马上放入提前准备好的塑料小拱棚内(拱棚应覆盖遮阳网),嫁接完 3 天内不要打开棚膜和遮阳网,应使棚内温度尽量保持在 25 ~ 28 ℃,夜间温度 18 ~ 22 ℃,湿度 95% 以上。3 天之后开始从小拱棚两头慢慢放风,以调节小棚内的空气和湿度。

二、田问管理

(一)肥水管理

春大棚嫁接栽培每 667 m² 施足优质有机肥 7 000 kg 以上,磷酸二铵和硫酸钾各 50 公斤。露地则可施用优质有机肥 3 000 kg 或者生物有机肥 500 kg,加上三元复合肥 50 kg。嫁接苗的定植密度为 2 000 ~ 2 200 株/亩,采用拐子苗种植方法(以利于植株过高时吊绳或搭架)。最好铺地膜,可安装膜下滴灌。定植时要注意嫁接口留出地面 3 cm 以上,以免接穗感染土传病害。当门茄果实开始膨大时追肥,不能过早追肥浇水。施肥每亩用尿素 10 kg、硫酸钾 7.5 kg、磷酸二铵 5 kg 混合穴施,并结合施肥进行浇水。在门茄膨大前不浇水。第 2 次追肥在对茄开始膨大时,追肥数量、种类及方法同第 1 次,再次追肥间隔约 10 ~ 15 天。

(二)富硒处理

富硒处理有 2 种方式,一种为在富硒土壤上种植,如在黑龙江省的宝清县、富锦市等地种植;一种为采用生物活性富硒肥液处理,茄子始花期喷施第 1 次,喷施浓度为 300 倍液,可间隔 15 天喷施 1 次,生育期喷 3 次。

(三)整枝管理

采用双干整枝(V 形整枝),有利于后期群体受光,即将门茄下第 1 侧枝保留,形成双干,二分叉以下侧枝全部打掉,以减少养分浪费。对茄采收后,将门茄以下的叶片摘除,"四面斗"采收后将对茄以下的叶片摘除,以此类推,同时要在生长过程中把病叶、变色叶、老叶及时摘掉,可通风、透光、防病、防烂果,同时也要去掉砧木上发出的叶片。摘除叶片要在晴天的上午进行,伤口经过高温进行结痂愈合。

四、病虫害防治

(一)茄子黄萎病

茄子黄萎病是东北地区茄子生产种的第一大病害,发病危害的主要时期在茄子生长的中期和后期,门茄开始坐果进入该病的多发期。茄子黄萎病发生危害后,受害部位从下部叶片开始向上发展,或从一侧向全株发展,受害植株叶片先是从叶尖或叶缘开始褪绿、变黄,逐步发展到半片叶或整片叶变黄。到了生长后期植株明显矮化,结果能力降低,果小而硬(图 4 - 3)。

| (a) | (b) | (c) |

图 4 - 3　茄子黄萎病症状及特点

防治方法:忌连作。要与瓜类、豆科、十字花科等非茄科作物进行2～3年轮作。在连作地块,采用嫁接的方式为最有效的防治方法;在非连作地块,可以采用施用有机肥结合生物菌剂(如中国农业科学院植物保所的"中抗6号"灌根处理,效果较好)。

(二)茄子褐纹病

茄子褐纹病主要侵染茄子叶片、茎及果实,成株期受害,受害叶片多从底部叶开始,受侵叶片初期产生苍白色小斑点,发病后期病斑扩大呈现圆形、近圆形或多角形病斑,病斑中部为淡褐色,具有轮纹,上生黑色小点,病斑边缘色深,轮廓清晰,茎受害病斑呈梭形、凹陷,边缘褐色,病斑中部为灰白色,上生黑色小点,严重时受侵茎部皮层脱落,露出木质部,果实受害,受侵部位产生圆形或长圆形凹陷斑,病斑黑褐色,具有规则同心轮纹,上生黑色霉点,严重时果部病斑连成片使病果干腐成僵果脱落或挂于枝头(图4-4)。

(a)　　　　　　　　　(b)　　　　　　　　　(c)

图4-4 茄子褐纹病症状及特点

防治方法:茄子褐纹病只侵染茄子一种作物,可与瓜类、豆科、十字花科等其他作物轮作。选用抗病或耐病品种,采用温汤浸种或药剂处理。控制定植密度,让株间通风良好。播前收后彻底清除病残体,培育选用壮苗,施足底肥,多施磷、钾肥,增强抵抗力,发病初期及时摘除病叶销毁。发病初期可选用加瑞农、代森锰锌、甲霜灵·锰锌、普力克防治,7天喷1次,连续施用2～3次,应在采收前7天停止用药,使用其他杀菌剂时,应在采收前3天停止用药。

(三)茄子绵疫病

茄子绵疫病危害的最大特点是不仅仅引起生产期间的烂果,收获后茄果在储藏运输期间也会继续腐烂,因此茄子绵疫病一旦发生,损失会比较严重,茄子绵疫病在我国各地区都有发生,绵疫病苗期、成株期均可受到侵染而发病,主要侵染茄子果实、叶片、花器、嫩茎,果实受害最为严重,成株期染病,受侵叶片初期产生暗色、水侵状病斑,病斑形状无规则,边缘不清晰,逐步发展为暗褐色病斑、近圆形具有轮纹,空气潮湿时,病斑迅速扩大,边缘产生稀疏霉状物,干燥时病斑扩展慢,容易干枯破裂。严重时病斑连接成片,整个叶干枯。果实受害,大多在果实中部开始出现症状,在受害部位产生圆形、暗褐色水浸状病斑,病部凹陷,病斑部产生大量白色绵毛状霉层,病果容易脱落,很快腐烂,不脱落的病果,成僵果状挂于枝上;茎部发病,产生梭形水浸状病斑,凹陷,严重时绕茎一周,植株容易折断,湿度大时,上生稀疏白霉(图4-5)。

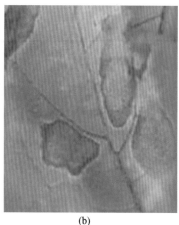

(a)　　　　　　　　　(b)

图4-5　茄子绵疫病症状及特点

防治方法:茄绵疫病发病率高低与田间积累的病原菌量有直接关系,田间管理同褐纹病。发病初期要立即用药防治,可用10%世高、40%福星、72%克露、69%安克锰锌,7天喷1次,连续施用2~3次。为防止形成抗药性,每次用药宜采用不同种类药剂。

(四)蚜虫

蚜虫以成虫和若虫在叶背和嫩茎、嫩梢上吸食汁液来对植物造成危害。瓜苗嫩叶和生长点被害后,叶片卷缩,瓜苗生长缓慢萎蔫,甚至枯死。老叶受害,提前枯落。其繁殖力极强,群聚为害。可采用黄板诱杀。利用蚜虫对银灰色有负趋性的原理,在田间悬挂或覆盖银灰膜驱避蚜虫。

防治方法:可用50%抗蚜威(辟蚜雾)、3%莫比朗、2.5%保得、2.5%天王星、10%氯氰菊酯、40%菊杀、2.5%高效氯氰菊酯、10%高效灭百可。

(五)红蜘蛛

红蜘蛛以成虫和若虫积聚在叶片的背面,一方面以其刺吸式口器吸取汁液,对寄主组织直接造成伤害,另一方面又分泌有害物质对植物产生毒害作用。叶片受害后形成枯黄色色斑,严重时全叶干枯脱落,甚至造成全株死亡。高温低湿地危害最重,干旱年份易于大发生,温度达30℃以上和湿度超过70%时,不利于繁殖。暴雨有抑制作用。叶片越老受害越重(图4-6)。

防治方法:清除杂草及枯枝落叶,消灭越冬虫源。注意利用和保护天敌。药剂防治:可用10%浏阳霉素、1.8%农克螨、20%灭扫利、20%螨克、20%哒螨酮、50%阿波罗、73%克螨特。

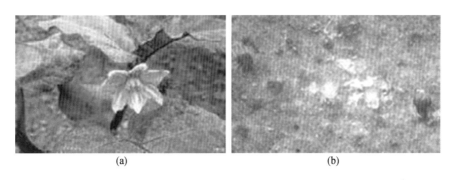

图 4 - 6 红蜘蛛对茄子的危害及特点

(六)美洲斑潜蝇

美洲斑潜蝇成、幼虫均可为害,雌成虫飞翔把植物叶片刺伤,进行取食和产卵,幼虫潜入叶片和叶柄为害,产生不规则蛇形白色虫道,叶绿素被破坏,影响光合作用,受害重的叶片脱落,造成花芽、果实被灼伤,严重的造成毁苗(图 4 - 7)。

图 4 - 7 美洲斑潜蝇对茄子的危害及特点

防治方法:严格检疫。种植前深翻菜地,埋掉土面蛹粒,使之不能羽化。合理套种、间种抗虫作物,安排如苦瓜、葱、大蒜、萝卜等异味蔬菜轮作,或套种、间种,抑驱幼、成虫,减轻危害。也可使用黄板诱杀。在田间初见被害叶片时(叶片有蛇形虫道)立即用药,做到成虫和幼虫一起防。最好选用兼具内吸和触杀作用的杀虫剂,如20%斑潜净、5%阿维菌素、40%绿菜宝、5%锐劲特、5%抑太保,使药剂充分渗透叶片,杀死幼虫。同时要特别注意轮换、交替用药,以免害虫产生抗药性。防治时间掌握在成虫羽化高峰的 8 ~ 12 h 内效果好。

五、采收

茄子果实到达成熟期时要适时采收,不但品质好,而且不影响上部果实的发育。采收标准依据果实萼片下面一段果实颜色特别浅的部分,这段果皮越长,说明果实正在生长,以后逐渐缩短,颜色不显著时应及时采收。如采收过早影响产量,过晚果实内种子发育耗掉养分较多,不但品质下降,还影响上部果实生长发育。一般茄身长势过旺时应适当晚采收,长势弱时早采收。

第四节 黑龙江省富硒黄瓜栽培技术

由于饮食习惯的差异,北方喜生食黄瓜,由于华南型黄瓜瓜小,清香味浓,是东北地区早春和夏秋比较受欢迎的蔬菜品类。黑龙江省农业科学院园艺分院开展华南型旱黄瓜育种已有60余年的历史,在全国的旱黄瓜育种方面一直处于领先地位,选育的"龙园"系列旱黄瓜为近20年来东北地区早春大棚的主栽品种。2020—2021年采用生物富硒液喷施技术生产了富硒旱黄瓜,由于其清香味浓、口感甜脆,在市场上广受好评,现将栽培技术介绍如下,以供参考。

一、品种选择

"龙园"系列旱黄瓜均为极早熟或早熟品种。以"龙园绿春"为例,其特征如下:以主蔓结瓜为主,第一雌花着生在3~5节,直播,从播种到采收37天,植株长势中等,株幅小。瓜色鲜绿,有光泽,瓜条顺直,长20 cm左右。白刺稀少,皮色耐老,果肉绿白色,风味清香,肉质脆嫩,维生素C含量15.44 mg/100 g,商品性好。高抗枯萎病,兼抗霜霉病及灰霉病等3种以上病害。适宜进行春季抢早栽培,尤其适合作为秋菜等两茬作物的前茬品种,前期产量高,单产3 000~5 000 kg左右。"绿春"为鲜食品种,也可以作加工用。"龙园"系列华南型黄瓜如图4-8所示。

二、培育壮苗

(一)播前准备

播前准备好透气性好、营养齐全、酸碱适宜、不含病原菌的床土,具体比例:大田土(以葱蒜茬为最佳)7份、腐熟有机肥(以鸡粪为最佳)3份、磷酸二铵0.5~1 kg/m³,50%多菌灵100 g。将配好的营养土装于营养钵中,离钵口1 cm,放于温暖处等待播种。

(二)催芽

以定植日期为基数往前推25~30天,天气越冷,育苗温度越低,则需苗龄越长。哈尔滨市春大棚在3月中旬播种,露地4月中旬播种。温汤浸种:将精选的种子放在55 ℃的温水中向一个方向不断搅动,待水温降至20 ℃时保持此温度浸泡8 h左右,将浸透的种子捞出用纱布包好放在盆内,在28~30 ℃的地方催芽,在催芽过程中经常翻动种子,使其受热均匀,避免无氧呼吸,种子腐烂。

图4-8 龙园系列华南型黄瓜

（三）播种

一般情况下浸种催芽需要一天一夜的时间,第二天即可播种。而抓住播种的有利气候是出齐苗的一个重要条件。一般要在寒流末的最后一天浸种,而播种是在气温回升的第一天,接下来的3～4天,则正好有利于出苗(出苗正常情况下需3天左右。出苗后不需高温,怕小苗徒长,而此时又有一股寒流出现,达到了降温的目的。当芽长至0.3 cm时播种最适宜。先将营养钵中的基质浇足底水,每个营养钵中放一粒种芽,将芽朝下放入钵中,覆土1 cm,然后在钵上覆地膜,保水防止蒸发,播种后温度保持26～30 ℃,当种子破土时即可揭去覆盖物。

（四）苗期管理

苗龄25～30天即可,注意不要过长,否则易出现小老苗(花打顶)现象,出苗后保持白天温度 22～25 ℃,夜间 16～18 ℃,一叶一心期开始,植株进行花芽分化,低夜温短日照有利于雌花形成,因此白天只需要光照,夜间温度控制在 16 ℃以下,则瓜出现节位低且多,苗期可喷 1 000 倍液高锰酸钾消毒,防止病害发生,定植前几天,加大通风适当练苗。

(五)培育壮苗

苗龄 25～30 天,有 4～5 片真叶、茎较粗、节间短、叶片大而厚、叶柄短、叶色深绿,根系新鲜而繁多,植株开始出现雌花,底部茎较粗,稳定性好的为壮苗。

三、整地施肥

(一)整地

最好选用葱蒜茬及玉米茬口,或轮作 5 年以上的地块为宜,避免与瓜类作物重迎茬和使用残留杀双子叶(阔叶)除草剂的地块。这样可以减少病虫害的发生及除草剂药害造成的黄瓜不断萎蔫死亡。在寒冷的北部地区,早春为了提高地温,所以一般做宽 60 cm 左右的高垄或 120 cm 宽的高畦。要避开压线滴水线,防止黄瓜浇根,栽单行或双行,株距 35～40 cm,近年来也有采用平畦进行栽培的,畦高 80～100 cm,株距 20～27 cm,行间可套种生菜、油菜及其他叶菜类蔬菜。高畦有利于提高地温,利于缓苗及减轻病害;平畦虽然温度低、病害较重,但灌水容易。

(二)施肥

黄瓜是喜肥水蔬菜,为保证产量,必须充分施肥。翻地前全面增施有机肥,施 5 000 kg/667 m^2 腐熟的有机肥,不仅能改善土壤条件,提高土温,还能促进二氧化碳的产生,有利于光合作用。由于黄瓜根系发达,并且根系都在土壤表层,所以在普遍施肥的基础上集中施肥、浅施,多次追肥为好。在有机肥腐熟过程中喷洒杀虫剂,防止蛴螬等地下害虫,在定植秧苗前每 667 m^2 施磷酸二铵 15 kg、钾肥 10 kg,作埯肥以促进结瓜。

(三)地膜覆盖

进行地膜覆盖栽培,以便达到抗旱、减涝防草、提早成熟、提高产量的作用,抓紧墒情好的时机,及时扣上地膜。膜下放置滴灌或者喷灌。

(四)定植

大棚黄瓜定植条件应当保证土壤温度稳定在 10 ℃以上,不低于 5 ℃,这主要取决于棚内的防寒设施。定植必须选在晴天上午进行,定植后能赶上 3～5 个晴天为宜。传统的春大棚定植时间,长春市为 4 月上旬,哈尔滨市为 4 月下旬。而近年来由于多层覆盖的发展,在塑料大棚内履盖一层保温幕(塑料布或不织布)、下部扣小拱棚的三层保护情况下,可提前 20 多天定植。春露地定植一般在晚霜过后,哈尔滨市在 5 月中下旬可以定植,如果增加保护措施,如"小地龙"(用竹劈支成拱状,上面扣地膜及农膜)等则可提前半个月定植。定植前不要给小苗浇水,以免苗过脆易折,定植穴内先灌满水后栽苗,则小苗一沾水叶片就不萎蔫了。华南型旱黄瓜,长势弱、株型较小,为了赢得早期的产量适于密植,亩保苗4 000 株左右。

四、田间管理

(一)水肥管理

缓苗后浇一次缓苗水,到根瓜膨大之前不用浇水,中间可喷一次叶面肥,在根瓜长到一定程度时要及时打掉,否则小苗带大瓜则容易坠秧,造成植株长势早衰,影响中后期产量。采收后才可以浇水追肥,否则易造成营养生长过旺,造成疯秧现象。盛瓜期及时灌水、追肥,一般采收后随水追腐殖酸肥料,每采收 3 次,施一次肥效果佳,瓜条顺直,而且瓜条膨大速度快,结瓜多。

(二)温度管理

春大棚黄瓜早熟栽培,一方面要注意夜间低温危害;另一方面防止白天温度过高烤苗。地温过低影响早熟,产量下降。当棚温达 25 ℃就要小面积放风,否则达到 35 ℃再放风,就会由于继续升温造成烤苗。白天温度要保持在 24~28 ℃,夜间尽量保持在 15 ℃左右,早春放风在白天进行,利用天窗通风,即需要拉开顶通风。如放底风即从底部掀开通风,则底部需要挡上塑料布防止扫地风伤苗,下午及时收风。随着气温的升高,夜间大棚周围的防寒物可逐渐撤去。当夜间外界温度高于 15 ℃时,加大夜间通风量,保持昼夜温差,有助于壮秧增产,也有利于防病。

(三)富硒处理

在第一个瓜开花时,采用生物活性富硒肥液喷施处理,喷施浓度为 300 倍液,间隔 20 天再喷施 1 次。

(四)搭架及绑蔓

当植株长到 6~7 片真叶,卷须出现时,就可以开始插架或吊蔓,绑蔓时可按 s 形迂回绑法防止植株过早达到顶棚,去除部分雄花和卷须,但不要伤及子叶。使叶子摆布均匀防止遮光。侧蔓留一个瓜后摘心,整个生长季节及时绑蔓,后期适当打掉底叶、病叶。要及时采摘难以防治的病瓜、病秧并及时处理,深埋或烧掉,防止病害蔓延。

五、病虫害防治

采用预防为主,综合防治的原则。培育过程严格控制温度和肥水,使植株健壮生长。苗期喷一遍 800 倍高锰酸钾消毒。并结合悬挂黄板对蚜虫、白粉虱进行诱杀,适时喷施链霉素和甲霜灵等药剂预防细菌性角斑病和霜霉病;发病后角斑病可以用可杀得、角斑净;霜霉病用普力克、杜邦克露等药剂交替使用,并要求喷施 2 遍以上。可使用氧化乐果、万灵等杀灭蚜虫等。

六、采收

根瓜应及早采收,免得瓜坠秧,商品瓜及时采收,盛瓜期每隔 1 天采收瓜 1 次。

第五节　黑龙江省春大棚薄皮甜瓜富硒栽培技术

一、品种选择

在黑龙江省早春大棚种植薄皮甜瓜可选择"鹤丰金喜""龙甜9号""龙甜10号""地依""甘一美香""靓甜"等早熟、抗病品种(图4-9)。

(a)　　　　　　　(b)

(c)

图4-9　黑龙江省优异的薄皮甜瓜品种

二、培育壮苗

选用饱满度好的种子,用55 ℃温水浸种,开始不断搅拌,待水温降低到30 ℃左右,浸种6~8 h。捞出沥水,用纱布包好,外面用塑料袋或膜包装好,放到28~30 ℃环境下催芽。甜瓜"露白"即可播种,每钵1粒,覆土厚度1 cm左右,然后覆膜,待出苗30%左右,揭膜。

三、苗期管理

播种后白天保持 28～30 ℃,夜温 16～18 ℃;出苗后至第一片真叶出现前适当降温,白天 24～26 ℃,夜温 14～16 ℃;第一片真叶出现后,白天 28～30 ℃,夜温 16～18 ℃。定植前揭膜炼苗,准备定植。

四、田间管理

(一)前期准备

采用覆膜栽培技术。在覆膜前用除草醚、敌草胺,在技术人员的现场指导下喷施或严格按说明书使用。用除草剂一周后再栽苗,否则提前定植易产生药害和畸形瓜。

(二)定植

必须在棚温稳定在 12 ℃以上、土壤温度稳定在 15 ℃以上时方可定植,过早气温低易产生冷害,对甜瓜发育不利。双城市定植时间在每年的 4 月 20 日左右,如有二层膜,可考虑提前 7～10 天。株行距 33 cm × 100 cm。

(三)关键技术

掐顶技术:主蔓单干吊蔓一次掐顶,就是将主蔓一直缠绕到接近吊蔓胶丝绳顶部时,一次性掐尖的方法。此法适合植株不徒长、子蔓发得好、生长正常的甜瓜秧的管理。该掐顶法,第一茬瓜比两次掐顶的膨瓜速度慢,但第二、三茬瓜较早,植株不易发生老化现象。

富硒技术:在甜瓜第一个雌花开花期喷施生物富硒营养液,喷施浓度为 300 倍液,20 天后再喷施 1 次。

留瓜技术:一般第四片真叶以下长出的侧蔓全部去掉,用 5～10 节侧蔓作为结果蔓,幼瓜后面留一片叶后将其他叶片与子蔓生长点一起去掉。一般主蔓长至 25～30 片叶时去掉生长点,以促瓜控秧。一般 11～18 节位不留瓜,但生出的子蔓、孙蔓可留 1 片叶掐尖。每茬坐瓜后,多余空蔓可酌情剪掉。待第一茬采收后,将蔓放下,再留 2 茬瓜,一般单株两茬瓜总采瓜数 7～10 个。

保瓜技术:需采用"强力座果灵",不但解决化瓜问题,而且幼瓜生长速度快,并提早上市,产量、商品性也会明显提高和改善。使用时要严格按照使用说明,并注意如下问题:药液搅拌均匀后使用;随配随用;用药时间最好在下午 4 点后,严禁在高温下使用;浓度决不可超标,决不可重复使用。

疏瓜技术:一般在瓜长到核桃大小时进行 1～2 次疏瓜。疏掉畸形瓜、裂瓜、过大过小的瓜,保留个头大小一致,瓜形周正的瓜。一般第一茬瓜留 3～4 个,第二、三茬瓜留 2～3 个。疏瓜时,要在膨瓜肥水施用后、瓜坐稳后、植株没有徒长现象发生时进行,这样能有效防止疏瓜后植株徒长,而导致化瓜现象的发生,确保第一茬瓜的适宜上市期,并能获得高效益。

（四）肥水及温度管理

肥水管理：甜瓜在施足底肥的基础上，需要进行追肥，磷钾肥能提高甜瓜品质，一般多施磷钾肥，少施氮肥。氮肥过量，植株生长过快，植株抗病能力减弱。抽蔓－开花座果期：植株生长快，吸收养分速度也快，是吸氮高峰期，追 5 kg 硫酸铵/亩，可与浇窝水同时进行。幼果－膨大期：即幼果长到鸡蛋大小，每亩地用发酵好的饼肥 10 kg 和 6 kg 磷酸二氢钾进行穴施，也可用磷酸二氢钾 7～10 天喷一次。伸蔓期、小果期、膨大期三个关键期一定要供水充足，采收前一周停止灌水。叶面肥可喷洒施玛红药剂，促进坐果和果实膨大。

温度管理：甜瓜是喜温作物，各个生长期所需要的温度不同，一般情况下，生长适宜温度为 25～30 ℃，10 ℃完全停止生长，7.4 ℃产生冻害。开花期温度控制在 25～28 ℃。刚定植时温度低，以保温为主，尽量少放风口，中后期温度较高，要注意放风以调节棚内温度和湿度。瓜成熟期，昼夜温差较大，白天最好控制在 30 ℃，晚上 15～20 ℃，为增加昼夜温差，可采用夜间放风的方法。

五、病虫害防治

（一）猝倒病

猝倒病是瓜类作物主要病害之一，受害的幼苗茎，接近地面部分变色、腐烂或干缩。起初只是个别苗发病，几天后即以此为中心，造成成片猝倒。

防治方法：严格选择床土：选择七年以上未种过瓜的大田土；可用苗菌敌 1 袋（5 g）拌土 20 kg 来进行药剂防治。

（二）枯萎病

枯萎病又叫萎蔫病，从幼苗到结果期均可发病，但以结瓜期最重。病害发生在蔓部，严重时产生油状分泌物，瓜蔓病斑逐渐凹陷，造成病株的叶片由上而下逐渐萎蔫。严重时茎基部纵列，根变褐腐烂。

防治方法：选用抗病品种；增施磷钾肥；施用充分腐熟的肥料；用砧木嫁接；用枯萎灵或抗枯宁灌根。

（三）病毒病

病毒病又名花叶病或小叶病。该病主要为蚜虫传播。叶片出现浅绿的花斑，形成花叶；果实发病时形成深绿和浅绿相间的斑块，并有不规则的突起，出现畸形瓜。

防治方法：种子消毒、温汤浸种催芽；及时消灭蚜虫，避免蚜虫传毒；发病初期用 20% 病毒 A500 倍防治；病毒威 800 倍液。也可用攻毒。

（四）霜霉病

霜霉病为叶部病害，初期叶片出现界限不明显的淡黄色小斑，逐渐扩大，成为不规则的多角形，并由黄变淡褐色再变成灰褐色。严重时出现大片叶片枯死干裂，似火烧状。一般先下部老叶发病，而后逐渐向上。

防治方法:用抗病品种,早发现早防治。75%百菌清、72%克露、凯特、乙酰吗啉等在发病初期可使用。此外,露娜森、银法利都有很好的防治效果。

第六节　黑龙江省春露地薄皮甜瓜富硒简约化栽培技术

薄皮甜瓜的简约化栽培技术,也叫懒瓜栽培技术,是当前最高效的栽培技术之一,其不定心、不整枝,降低劳动成本,提高生产效率,增加经济效益,为农民丰收致富提供保障(图4-10)。

(a)　　　　　　　　　　　　　(b)

图4-10　早春露地甜瓜简约化富硒栽培技术

一、品种选择

在黑龙江省早春露地种植薄皮甜瓜可选择"鹤丰金喜""龙甜9号""龙甜10号""地依""甘一美香""靓甜"等早熟、抗病品种。其主要的品种选择和育苗技术同第五节中的春大棚薄皮甜瓜技术。

二、田间管理

(一)选茬

以玉米、麦茬为好,其次是豆茬。选用地势高、排灌方便、土质疏松的土壤。在选茬时要充分考虑前茬是否使用过残效期长的除草剂,如豆黄隆、阿特拉津、乙草胺等,防止土壤存留农药对甜瓜幼苗产生毒害。

(二)整地施肥

秋翻地,秋起垄,保墒效果好。甜瓜根系比较发达,要求耕作层疏松、肥沃、深厚,结合整地施入基肥。每公顷施用优质有机肥20t做底肥,根据土地肥力情况,酌情增减。每亩施用500 kg的复合肥和450 kg的腐熟豆肥作基肥,之后混匀土壤,避免直接与植株根系接触。

(三)定植

以晚霜已过,晴天上午定植为宜。东北地区露地覆膜栽培,由于懒瓜品种不整枝、不打蔓,应适当加大株距,懒瓜品种栽培株行距为60×70 cm,种2垄空1垄或种4垄空1垄,便于管理。亩保苗1 500~1 800株。

(四)整枝

去除子叶及腋芽,不定心、不整枝、不"拦头"。根据长势,在子蔓15 cm左右,打1~2次瓜菜矮丰或多效唑,根据长势、天气、肥力等情况科学使用。

(五)富硒技术

在甜瓜第一个雌花开花期喷施生物富硒营养液,喷施浓度为300倍液,20天后再喷施1次。

三、病虫害防治

(一)猝倒病

育苗前用五氯硝基苯混合剂或多菌灵等药剂进行土壤消毒,出苗后可用30%恶霉灵1 000倍液和凯普克500倍液灌根。加大通风,降低湿度。

(二)枯萎病

叶从基部逐步发黄萎蔫,根变褐腐烂,茎基部纵列。应选用抗病品种;减少氮肥的施入量;采用嫁接技术;亩用75%根腐宁200－400 g兑水75－100 kg灌根;用枯萎灵600~800倍液灌根。

(三)病毒病

叶片出现花叶、蕨叶或皱缩。应及早防治蚜虫,控制病毒病的发生。用金封毒30 g/亩或斗毒等防治。

(四)白粉病

主要为害甜瓜叶片。初发生时叶片产生黄色小点,而后扩大发展成圆形或椭圆形病斑,表面生有白色粉状霉层。可用健达、翠贝、露娜森或者中蔬生物的"白粉五号"等进行防治。

第七节　黑龙江省富硒油豆角栽培技术

油豆角是我国东北地区(黑龙江省、吉林省为主)特有的一种优质菜豆品种,含有较高的蛋白质,含量可达到其干质量的 20% 以上。其氨基酸组成和比例也比较合理,含有人体必需的 18 种氨基酸,其中赖氨酸含量较高,还富含膳食纤维、多种维生素和矿物质。

一、品种选择

早春大棚和温室栽培宜选择蔓生品种,露地小面积栽培可选择蔓生品种,露地规模型大面积栽培宜选择矮生品种。优质蔓生品种有将军(一点红)、霞冠、紫冠、丰冠、满堂彩。矮生菜豆品种有:黑大金冠、黑大吉冠(图 4-11、图 4-12)。

(a)　　　(b)　　　(c)

(d)　　　(e)　　　(f)

图 4-11　"黑大"系列优质蔓生油豆角品种

(a)   (b)

图 4 – 12 "黑大"系列优质矮生油豆角品种

二、茬口安排

油豆角栽培的茬口安排见表 4 – 1。

表 4 – 1 油豆角栽培的茬口安排

栽培形成	播种期	定植期	采收期
温室春早熟	2 月下旬—3 月中旬	3 月下旬	5 月中旬—6 月下旬
大棚春早熟	3 月中旬	4 月中旬	6 月中旬—7 月上旬
露地春茬	5 月中旬	直播	7 月中旬—8 月下旬
露地延后茬	6 月中旬	直播	8 月上旬—9 月上中旬
大棚延后茬	7 月上中旬	直播	9 月上中旬—10 月上中旬
温室延茬	8 月上中旬	直播	10 月上旬—11 上中旬

三、土壤选择

选择土层肥厚、肥沃、通透性好的地块。选择岗地,要求排水好,不要重茬。要选择无除草剂残留的地块。播种前施足基肥,实行平衡施肥,有机肥应充分腐熟达到无害化后方可使用,一般每 667 m² 施用腐熟有机肥 3 000 ~ 4 000 kg,配合施用氮、磷、钾复合肥 35 ~ 50 kg,将肥料撒匀、深翻 30 cm。露地栽培要采用秋施有机肥、秋翻、秋整地、氮磷钾复合肥混均埯施,注意化肥与埯土充分混和,防止烧苗。

四、种子处理及育苗

1% 福尔马林浸种 20 min,再用清水洗净,防止种子带菌;浸种时间不超过 2 h。菜豆育苗方法：采用营养钵育苗，每钵播种 3 粒，保苗 2 株。播后苗床白天温度控制在 20 ~ 25 ℃，夜间 15 ~ 18 ℃。若发现幼苗徒长，应降低床温，并控制浇水。播种后约 20 ~ 25 天，幼苗长出第 2 片复叶时定植。苗期不超过 30 天。

五、田间管理

(一)露地栽培管理

春播在 10 cm 地温稳定 10 ℃以上时播种。露地覆膜栽培：采用垄作大垄双行栽培方式，垄距为 120 cm，每垄播 2 行，垄上行距 40 cm，株距 40 cm，每播种 3 粒，保苗 2 株。直播每 667 m² 用架菜豆 4 kg，复合肥 35 kg。采用菜豆复合播种机播种，实现油豆角的播种、施肥、封闭除草和覆膜的"四位一体"作业。露地直播栽培：采用单垄栽培方式，垄距为 70 cm，株距 40 cm，每播种 3 粒，保苗 2 株。用种量，直播每 667 m² 用种量 4 kg。秋季深翻：减少初次侵染病原菌。施基肥：每亩 5 000 kg 有机肥做基肥，复合肥 30 kg。硼肥用硼砂 600 倍液或速乐硼 1 200 ~ 1 500 倍液，钼肥可用钼酸铵 2500 倍液于菜豆第三片真叶展开、开花前 7 ~ 10 天和开花后分 3 次喷施。富硒处理：可在开花时喷施生物富硒液，间隔 20 天再喷施 1 次。

(二)设施栽培管理

清洁栽培：清洁种植场所，棚架、土壤、棚膜等。膜下滴灌：节水节肥减少湿度；合理稀植：密度稀植(75 cm×45 cm，2 000 埯)，用矮棵作物间作。及时除草：及时清除田间杂草。及时插架：真叶出现后及时插架。加强通风：减少空气湿度，降温，提高座荚率。吊蔓掐尖：及时吊蔓，满架后掐尖。干花湿荚：前控后促的水肥管理。追肥：每亩追施复合肥 30 kg，结合灌水于座荚后分 3 次追施，每次间隔 7 天。硼肥用硼砂 600 倍液或速乐硼 1 200 ~ 1 500倍液，钼肥可用钼酸铵 2 500 倍液于菜豆第三片真叶展开、开花前 7 ~ 10 天和开花后分 3 次喷施。

六、病虫害防治

防治病虫害时，使用不合格的农药或用药种类、使用浓度等，会影响防治效果，造成农药残留超标。应采用综合防治措施防治菜豆病虫害，选用高效低毒低残留的农药进行防治，防止农药残留超标。

(1)农业防治；

(2)物理防治：防虫网、诱杀(黄板、蓝板)，灯光诱杀(频振式杀虫灯)；

(3)生物防治：昆虫天敌应用、微生物利用(苏云金杆菌)、农用抗生素(阿维菌素杀虫杀螨剂)、植物源农药。

(4)化学防治：不使用国家禁止在蔬菜上使用的农药。

合理使用化学农药，使用农药，掌握农药安全间隔期，安全用药。

炭疽病：该病为真菌非卵菌病害。炭疽病菌侵染菜豆的叶、豆荚等所有的地上部。在豆荚上形成褐色稍下陷的圆形病斑,治药剂主要有:50%多菌灵可湿性粉剂500倍,70%甲基托布津可湿性粉剂1 000倍,65%代森锌可湿性粉剂500~600倍,70%代森锰锌可湿性粉剂400倍,80%大生可湿性粉剂600~800倍,10%世高水分散性颗粒剂1 000~1 200倍,75%百菌清可湿性粉剂600倍。

锈病:此病主要危害叶片。染病叶先出现许多分散的褪绿小点,后稍稍隆起呈黄褐色疱斑。高温、高湿极有利于锈病流行。防治:通风降湿,发病初期应喷15%粉锈宁、20%苯醚甲环唑、40%氟硅唑,间隔10~15天再喷1次。

细菌性烧叶病:菜豆常见的主要病害之一,严重时全叶干枯,似为烧状。一般减产20%~30%。由黄单胞杆菌属的细菌侵染引起。高温高湿有利于发病和蔓延。防治:忌连作,注意通风降湿等。发病初期可用72%农用链霉素可溶性粉剂3 000~4 000倍液。

菌核病:受侵染的植株先在茎基部出现暗褐色、不定形、湿润状的病斑。湿度大时病部表面先长出白色棉絮状菌丝,后集结成黑褐色、鼠粪状的菌核。用40%菌核净、75%肟菌戊唑醇、70%甲基托布津可,隔7~10天喷1次,喷1~2次。

第八节　黑龙江省富硒油菜(叶菜)栽培技术

油菜是富硒能力较强的作物,由油菜植株吸收的硒可在根、茎、油菜籽中积累,转化为能被人体吸收的有机硒。油菜吸收适量的硒,还能增强油菜植株的光合作用、增加油菜根系的活力,有利于油菜生长并获得高产(图4-13)。

图4-13　富硒油菜栽培技术

一、品种选择

不同的油菜品种对硒的吸收能力有所差异,种植油菜要选用符合市场需求、高产稳产、抗性较好的优良品种,在黑龙江省种植则宜选用"上海青"或无毛小油菜等。

二、栽培管理

(一)富硒处理

在黑龙江省种植富硒油菜可在富硒土壤带上(如宝清县、富锦市等),若土壤缺硒或硒的浓度不够,宜采取叶面喷施生物富硒肥液处理,一般在叶用油菜苗期(3~5叶)喷施生物富硒营养液,喷施浓度为300倍液,均匀喷施于油菜植株叶片的正反面上,油菜的叶片表面不滴水为佳。注意事项:配制硒溶液时不能加入碱性的农药或肥料,宜在晴天喷施,避免中午高温或雨天施用,施后遇雨应酌情补施(4 h内)。

(二)肥水管理

油菜生长过程中遇旱要及时小水勤浇,避免浇大水,以免影响油菜根系;进入生长旺盛期可以追施叶面肥或补施氮肥。

三、油菜硒吸收的分配规律

油菜富硒主要是利用富硒土壤、在缺硒土壤中施用硒肥或叶面喷施硒肥等方式。在土壤硒缺乏的条件下,向土壤中增施一定量的硒肥,油菜可通过根系吸收硒元素,逐渐向地上部分运输,转移至籽粒与角果壳,当土壤中硒的浓度较大时,油菜硒吸收的分配规律为:茎>根。

叶面喷施硒肥是生产富硒油菜的主要措施,叶面喷硒的硒肥主要通过叶片吸收,再向根、茎等部位组织转移,经过测定,油菜硒吸收的分配规律为:叶>根>茎。

四、病虫害防治

(一)霜霉病

该病害主要危害叶片和花。发病初期出现小绿斑,后期绿斑扩展为黄色斑,长白霉变。防治方法:选择抗病品种,加强田间管理,合理密植,加强磷钾肥施用,雨后及时排水,控制湿度引起的病害,播种前使用35%甲霜灵混合种子。抽薹期,喷75%百菌清润湿粉500倍液或58%甲霜灵锰锌润湿粉500倍液,每7~10天喷1次,连续喷洒2~3次,效果很好。

(二)菌核病

茎被感染后,浅棕色斑发展为长条纹斑,呈轮状,边缘呈褐色,湿度较高,使病部以上的茎和枝条枯萎。叶病的发病将出现黄褐色病斑,病叶易穿透。防治方法:因地制宜地选择抗病品种,加强水肥管理,及时清除老病叶,减少致病菌,用 1 000 倍液或 1 500 倍液 50% 腐殖酸尿素润湿粉防治发病后的病害,效果很好。结果表明,抗病品种具有抗病性,水肥管理得到加强,摘除老病叶,病原菌被及时消灭,病原菌减少。

(三)蚜虫

危害油菜的蚜虫主要有萝卜蚜和桃蚜两种。这两种蚜虫都以成、若蚜密集在油菜叶背、茎枝和花轴上刺吸汁液,损坏叶肉和叶绿素,苗期叶片受害卷曲、发黄,植株矮缩,生长迟缓,严重时叶片枯死。防治方法:可用 70% 吡虫啉、4.5% 高效氯氰菊酯、3% 啶虫脒乳油,或 50% 抗蚜威可湿性粉剂、2.5% 功夫乳油等兑水喷雾防治。

第九节　黑龙江省日光温室富硒草莓栽培技术

一、品种选择

选择正规苗圃生产的品种纯正、生长健壮、根系发达、无病虫害的草莓壮苗,品种选择休眠浅、优质、丰产性能好的“红颜”“章姬”“香野”“粉玉”“艳丽”等。

二、栽培管理

(一)施足基肥

基肥以经过高温发酵的有机肥为主,如鸡粪、羊粪等,每亩施 6 ~ 8 m³,配施磷酸二铵 50 kg、尿素 40 kg、硫酸钾 40 kg;或施生物有机肥 500 ~ 1 000 kg、草莓专用肥 100 kg 和适量的钙肥、铁肥等。需将硒肥施入垄上 10 ~ 30 cm 深的根系集中分布层中,施用时与土壤混合均匀。

(二)整地起垄与栽植

基肥施后深翻 2 ~ 3 遍,翻深 30 cm 左右,使土壤和肥料充分混合。垄向为南北方向,宽 80 cm、高 30 cm,垄面 40 cm,每垄栽 2 行。8 月下旬选阴天或下午定植,带土移栽,株行距 15 cm × 20 cm,每 667 m² 栽 8 000 株左右。栽植深度以“深不埋芯、浅不露根”为宜。栽后用滴灌浇透水,根据天气情况补充水分。缓苗后及时进行松土除草,开花前覆盖黑色地膜,以利于保墒和防除杂草。

(三)追施硒肥

根施:草莓定植完毕后,在垄上两行草莓中间开一凹形沟槽,将滴灌带放入其中。凹形沟槽深度以滴灌时肥水不溢出为准,一般深 5 ~ 10 cm。及时灌水,灌水量和灌水次数应根据土壤、气候和草莓生长等情况而定。采用滴灌水肥一体化方法,将生物活性硒营养液施入,每 667 m² 施 3 ~ 5 kg,每隔 15 ~ 20 天冲施 1 次。叶面喷肥:为生产高档富硒草莓,改善植株营养状况和减少病害的发生,可于开花前 10 天叶面喷施生物活性硒营养液 150 倍液,开花后每隔 15 天喷 1 次,至果实成熟前 25 天结束。喷施时间可选择多云天气或晴天的 16:00 后。叶面喷施其他肥料的常用浓度:尿素 0.3%、过磷酸钙 0.5%、硫酸钾 0.3%、磷酸二氢钾 0.2% ~ 0.3%、硫酸锌 0.5% ~ 1.0%、硼砂 0.3%、氨基酸螯合钙锌铁硼 1 000 倍液、果钙硼 800 倍液。以上肥料可交替与硒肥混合喷施。

（四）温湿度调控

温度和空气相对湿度对于草莓生长发育及温室中病害的发生有着直接的关系。放风能降低棚室内温度、湿度,补充氧气和二氧化碳。放风时应尽量先在温室顶部或底部放风。还可通过覆盖地膜和采用膜下滴灌来降低温室内空气的相对湿度。现蕾前:现蕾前进行高温湿度管理,白天温度超过 28 ℃进行放风降温;夜间温度保持在 12 ~ 15 ℃,以保证草莓植株快速生长,提早开花。现蕾期:进行降温降湿管理,白天温度保持在 24 ~ 26 ℃,夜间保持在 8 ~ 12 ℃。开花期:白天温度保持在 22 ~ 25 ℃,空气相对湿度应控制在 40% ~ 50%,以利于花粉散发;夜间温度保持在 8 ~ 10 ℃,注意预防低温伤害。果实膨大期和成熟期:白天温度保持在 20 ~ 25 ℃,空气相对湿度控制在 50% 以下;夜间温度保持在 5 ~ 10 ℃。温度过高,果实膨大易受影响,果实着色快,成熟早,果个小,品质差。

（五）光照调控

冬季日照时间短,保温棉被拉起放下,更易导致温室内日照时间不足,影响叶片的光合作用及植株的生长发育。生产上可采用安装补光灯的方法,来延长光照时间。11 月底至翌年 2 月初,每天放下棉被后可补光 3 ~ 4 h 或间歇补光。在后墙内侧挂反光幕,也可以增强棚室内的光照强度,提高草莓的光合效率。

（六）补充二氧化碳

黑龙江省冬季日光温室生产补充二氧化碳,可提高温室内草莓的产量和品质。目前人工提高温室内二氧化碳浓度的方法有增施有机肥(利用土壤微生物分解有机肥来释放二氧化碳)、采用强酸(如稀硫酸)与碳酸盐(如碳酸氢铵)发生化学反应、悬挂固体二氧化碳(干冰)升华等。

（七）植株管理与辅助授粉

(1)摘除匍匐茎、老叶、病叶。

草莓的匍匐茎如果发育成子苗,会大量消耗母株的营养,影响花芽分化,降低产量,因此要及时摘除。病、黄、老叶也要定期摘除。摘叶不可过量,每株草莓应保留 6 片以上的功能叶片。

(2)疏花序。

一般每个花序留果 3 ~ 4 个。采果后的花序要及时去掉,以促抽生新花序。

(3)蜜蜂授粉。

虽然草莓属于自花授粉植物,冬春季节温室通过蜜蜂授粉可大大提高坐果率,减少畸形果率,增产明显。一般每亩温室放蜜蜂1~2箱。蜂箱应在草莓开花前7天放入温室。

三、病虫害防治

日光温室防治草莓病虫害要以"生物防治为主,药剂防治为辅"。通过采用脱毒壮苗、高垄栽植、地膜覆盖、消毒处理及避免干旱、高湿等措施预防病果、烂果现象的发生;通过释放天敌及生物制剂等来防控病虫害的发生。避免在土壤黏度过高地块种植草莓;不施用没有腐熟的任何肥料;防止偏施氮肥;选用抗病虫性强的草莓品种,栽种脱毒种苗;将温室内的上茬草莓植株和各种杂草、病菌等清理干净,再定植草莓苗;生长季节及时摘除多余的蔓和老、病、残叶,连同感病花序和果实,一起清出温室并集中烧毁;合理密植,加强土、肥、水管理,提高植株自身的抗病能力;提倡轮作和高畦栽培,雨季注意排湿;注意通风换气,采用地膜覆盖以降低温室内湿度;生长期挂黏虫板、防虫网、释放捕食螨等;土壤消毒采用高温闷棚等物理防治方法。

选用植物源、矿物源农药,严禁使用剧毒和高残留农药;注意交替用药,防止产生抗药性。可采用硫黄熏蒸技术防治白粉病等病害,即在棚室内每100 m²安装1台熏蒸器,每次熏蒸4 h,根据情况隔2~3天熏蒸1次;熏蒸器悬挂于温室内离后墙1/3、距地面1.2~1.5 m处;熏蒸器温度不可超过280 ℃,以免对植株产生危害。

四、适时采收

日光温室鲜食草莓在80%以上、果面呈红色时方可采收。冬季和早春温度低,要在果实成熟时采收。早春过后温度回升,采收期可适当提前。采摘应在上午8:00~10:00或下午4~6时进行。不摘露水果和晒热果,以免腐烂变质。采摘时要轻摘、轻拿、轻放,不损伤花萼。

果实采后进行预冷处理,保持新鲜度和品质,防止霉烂。预冷方法有自然预冷和人工预冷。自然预冷是把采收的果实放在阴凉通风的地方,使其自然散热;人工预冷是把采收后的果实放在0 ℃以上、4 ℃以下的冷库冷藏,降低果实温度。果实冷却后进行分级、包装、贮运。

第十节 黑龙江省大棚中果型西瓜富硒栽培技术

一、品种选择

选用品质优、早熟、耐低温、抗病,单果重2~4 kg的中果型西瓜品种,如"龙盛佳美"等。选用嫁接亲和力强、耐低温、对品质无不良影响的砧木品种(图4-14)。

(a)　　　　　　　　　　　(b)

图 4 – 14　富硒西瓜砧木品种

二、培育壮苗

(一)种子消毒

将 40% 甲醛原液稀释 200 倍,浸泡种子 30 min,每 5 min 搅拌 1 次;然后清水漂洗种子 5 ~ 6 次,每次 30 min,每 5 min 搅拌一次种子;或流水冲洗种子 30 min,搓掉种子表皮的粘液,漂洗干净。

(二)浸种催芽

药剂处理后的种子使用常温水继续浸泡 10 h,沥干多余水分,用湿纱布包好,外套塑料袋(留排气孔),在 28 ℃ ~ 32 ℃ 催芽,种子 80% 出芽时播种。

(三)育苗土准备

营养土配制可采用无病虫的 3 份大田土、2 份无害化的农家肥、1 份草炭拌匀,每立方米育苗土中加入 50% 多菌灵可湿性粉剂 0.5 kg,药剂符合《农药合理使用准则》(GB/T 8321(所有部分))和《农药安全使用规范总则》(NY/T 1276—2007)规定,将拌好的土过筛。也可直接利用商品育苗基质,将营养土装入营养钵、穴盘、沙盘等备用。

(四)播种

育苗在温室内进行,提前准备好苗床,苗床提前铺设地热线备用。播种前一天晚上用清水浇透底水,播前再淋一遍水。根据定植日期,自根栽培提前 25 ~ 30 天播种育苗。如采用嫁接育苗,靠接法接穗比砧木提前 5 ~ 10 天播种,插接法砧木比接穗提前 3 ~ 5 天播种。接穗选用 32 穴育苗盘,砧木用选用 21 穴育苗盘或 9 × 9 营养钵育苗,播后覆 1 cm 的营养土,覆膜保温保湿。

(五)培育壮苗

西瓜壮苗的标准是苗龄适当,25 到 30 天为宜,下胚轴粗大,子叶肥大完整。

三、苗期管理

出苗前,苗床温度28 ℃~30 ℃。50%左右出苗后揭膜。出苗后至第一片真叶出现,日温20 ℃~25 ℃,夜温10 ℃~15 ℃。第一片真叶出现到定植前一周,日温25 ℃~28 ℃,夜温15 ℃~18 ℃。定植前一周充分炼苗。

四、整地施肥

立体栽培由于栽培密度的增加,根系分布相对密集,需要良好的土壤条件,应采用作畦栽培。在定植前10天整地作畦,畦宽120 cm、高25 cm,畦向以作业方便为宜,畦面覆盖银色反光膜,并采用膜下滴灌。

化肥与有机肥配合施用,每667 m²施三元复合肥(总养分含量45%,$N - P_2O_5 - K_2O = 14:16:15$)75 kg,有机肥5 000 kg,为了避免农家肥施放过分集中而引起根系烧伤,农家肥使用前必须经过无害化处理(50 ℃以上发酵5~7天)。并挖沟深施,与土壤搅拌均匀,施肥可以结合作畦一同进行。

五、定植

每畦铺设2条滴灌带,覆膜。双行种植,距畦边20 cm交叉打定植穴,株距45 cm,667 m²定植1 800株左右。大棚10 cm土层温度≥15 ℃,西瓜苗播种后25~30天(3~4片叶)定植。栽前先在畦中间打好定植孔,放好西瓜苗,子叶要和畦的方向一致,以便吊蔓时两条子蔓在沿着畦面的方向倾斜扩展,这样有利于通风、透光、排湿,进而减少病虫害的发生。

六、田间管理

(一)温度管理

定植后3天内,白天温度≤35 ℃。缓苗后棚内温度白天不高于35 ℃,夜间温度不低于8 ℃。

(二)肥水管理

定植1周后浇一次透水。伸蔓期控制浇水。果实膨大期小水勤灌。追肥采用水肥一体化方式,随滴灌浇水施用高钾型水溶性冲施肥2~3次。

(三)植株调整

在主蔓20 cm左右时定心,选留两条长势一致的健壮侧蔓,双蔓整枝,将吊起的尼龙绳绑在茎基部,将蔓缠绕在尼龙绳上,绕蔓操作中摘除其他侧蔓。选留第二朵雌花坐果,每株留瓜1个,并于开花授粉当日挂牌,写好日期。瓜长至鸡蛋大小定瓜,定瓜后,将其他雌花、幼瓜尽早摘除。瓜长至0.5 kg左右吊瓜以防脱落,25片叶左右掐尖。

（四）富硒处理

定瓜后采用生物活性富硒肥喷施叶面进行处理，间隔 15 天再喷施 1 次进行处理。

七、病虫害防治

采用"预防为主，综合防治"的方针，优先采用农业防治、物理防治、生物防治，必须使用药剂防治时，使用农药应符合国家相关标准规定。

炭疽病可采用苯醚甲环唑等药剂防治。白粉病可采用醚菌酯等药剂防治。枯萎病可采用嫁接育苗或恶霉灵等药剂防治。蚜虫可采用黄板诱杀或吡虫啉等药剂防治。红蜘蛛可采用阿维·哒螨灵等药剂防治。

八、采收

根据品种特性和授粉时间，适时采收。

第十一节　黑龙江省果蔬提质增效富硒技术实际案例

一、生物活性硒提质增效富硒案例（豆角）

（一）黑龙江省农业科学院园艺分院油豆角富硒案例

品种：紫花油豆、将军豆角

试验方法：分别于 2020 年 5 月 7 日初花期、5 月 18 日坐果初期、6 月 23 日（最后一次采收前 10 天）共喷施 3 次生物活性硒营养液。2020 年 6 月 17 日进行首次采摘测产，并测量叶片叶绿素差异；7 月 3 日进行第二次采摘测产（图 4 – 15、图 4 – 16）。

表 4 – 2　油豆角富硒处理的产量测定

豆角品种	样本数量/株	第一次采收重量/斤	第二次采收重量/斤	单株产量/斤	产量增幅
紫花油豆角处理	86	22.5	15.6	0.44	19.80%
紫花油豆角对照 CK	96	21.1	14.4	0.37	
将军豆角处理	65	24.9	23.8	0.75	26.74%
将军豆角对照 CK	68	18	22.2	0.59	

测产结果：紫花油豆角生物活性硒处理组比对照组增产 19.80%；将军豆角生物活性硒处理组比对照组增产 26.74%（表 4 – 2）。

(a)对照组：叶色发黄，叶片薄　　　　　　　(b)处理组：叶色浓绿，叶片厚

(c)　　　　　　　　　　　　　　　　(d)

图4－15　油豆角富硒栽培后的植株表现

经过权威第三方检测机构谱尼测试检测：紫花油豆角生物活性硒处理组硒含量 520 μg/kg，对照组硒含量 32 μg/kg。将军豆角生物活性硒处理组硒含量 380 μg/kg，对照组硒含量未检出(图4－17)。

为进一步研究生物活性硒富硒技术对豆角增产及抗病性的影响，随机测量处理组与对照组的豆角叶片叶绿素含量差异，数据见表4－3。

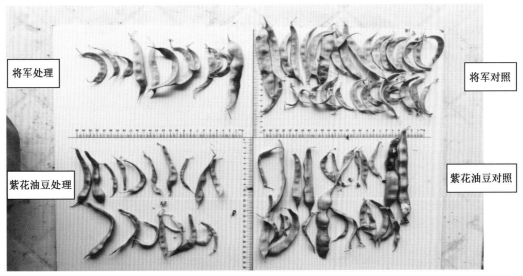

将军处理

将军对照

紫花油豆处理

紫花油豆对照

(a)抗病性对比：生物活性硒处理组病情指数显著低于对照

(b)测产进行中

图 4 – 16　油豆角富硒栽培后的产量测定现场

图 4 - 17　油豆角富硒栽培后的硒含量测定报告

表 4 - 3　油豆角富硒处理的叶绿素含量测定

随机样本	将军豆角		紫花油豆角	
	处理组	对照组	处理组	对照组
1	41.3	28.4	36.9	31.3
2	37.7	32.4	34.3	37.6
3	40.7	24.1	31.7	30.6
4	45	31.2	39.7	37.2
5	38.7	34.2	33.1	25.2
6	38.3	31.4	25.8	35.6
7	31.3	28.2	38.6	20.8
8	37.9	27.9	29.7	37.6

表 4-3(续)

随机样本	将军豆角		紫花油豆角	
	处理组	对照组	处理组	对照组
9	32.4	30.3	30.6	37.4
10	31.9	27.2	30.4	27.3
平均值	37.52	29.53	33.08	32.06
增幅	27.1%		3.2%	

生物活性硒处理组的豆角叶片与对照组相比,叶绿素含量均有不同幅度增加,植株活力增强。

(二)永和菜业油豆角富硒案例

地点:2020 年黑龙江省农业科学院宾县成果中试基地(永和菜业)

种植品种:黄金钩豆角

前期处理:2020 年 7 月 1 日、7 月 12 日喷施 2 次生物活性硒营养液;7 月 19 日进行采摘测产。

喷施生物活性硒的豆角叶片颜色浓绿,叶片大且厚,对照组叶片颜色发黄,叶片小且薄;后期对照组黄叶增多,提前衰败,而富硒组叶片依然浓绿(图 4-18、图 4-19)。

(a)

(b)

图 4-18　油豆角富硒处理后的植物学性状表现

测定方法:从对照组和处理组随机选取 7 穴采摘为 1 次重复,共测量 3 次重复,求平均值;从对照组和处理组随机选取 10 粒豆角测量豆荚长度,求平均值(表 4-5)。

(a)

(b)

(c)

(d)

图 4 – 19　油豆角富硒栽培后的产量测定鉴评会

表 4 – 5　油豆角富硒处理的豆荚长度测定

	重复 1/kg	重复 2/kg	重复 3/kg	平均/kg	增幅
对照组	3.2	3.6	4.1	3.63	26.72%
处理组	4.7	4.6	4.5	4.60	

物活性硒处理组豆角与对照组相比：

（1）豆角颜色金黄，更符合黄金勾豆角的特征；

（2）豆角长度增加 9.54%，商品率更高；

（3）经实际测产，产量增幅达 26.72%；

（4）经过权威第三方检测机构谱尼测试检测：生物活性硒处理组硒含量 50 μg/kg；对照组硒含量未检出（图 4 – 20）。

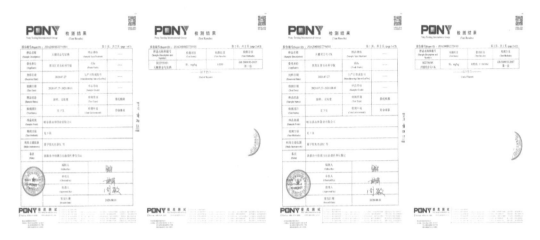

图4-20　油豆角富硒栽培后的硒含量测定报告

综上所述,豆角使用生物活性硒富硒技术后,叶片的叶绿素含量明显增加,叶片变厚,衰老叶片少,植株长势强,病情指数显著降低,抗病能力显著增强;果实商品性显著提升,果实优质化率高于对照组;增产幅度达19.80%～26.74%;豆角硒含量可达50～520 μg/kg。

二、生物活性硒提质增效富硒案例(茄子)

茄子品种:"龙杂茄三号"

种植地点:佳木斯市桦川县东旺果蔬基地、佳木斯市县桦川五良蔬菜基地

实测时间:2020年8月8日

测定方法:从2个基地对照组和处理组随机选取3株采摘为1次重复,3次重复;从五良蔬菜基地对照组和处理组各随机选取3株,测量株高、冠幅和四面斗第一片叶子长、宽值。

表4-6　东旺果蔬基地富硒技术应用田间实测果实对比数据

类别	测试项目	重复1	重复2	重复3	平均	增幅
对照组	重量/kg	1.26	1.33	1.13	1.24	重量增加
	果实数/个	19	20	17	18.7	28.23%
处理组	重量/kg	1.69	1.57	1.5	1.59	数量增加
	果实数/个	23	24	22	22.3	19.25%

表 4 - 7   五良蔬菜基地富硒技术应用田间实测果实对比数据

类别	项目	重复 1	重复 2	重复 3	平均	增幅
对照组	重量/kg	0.97	1.14	1.09	1.07	重量增加
	果实数/个	17	20	19	18.7	23.36%
处理组	重量/kg	1.17	0.98	1.82	1.32	数量增加
	果实数/个	21	16	29	22	17.65%

表 4 - 8   五良蔬菜基地富硒技术应用田间实测植株对比数据

类别	项目	重复 1	重复 2	重复 3	平均	增幅
对照组	叶片/长 × 宽/cm	16.5 × 10.5	17 × 8.5	15.5 × 14	16.3 × 11	叶片增幅
	植株/株高 × 冠幅/cm	65 × 80	70 × 80	74 × 80	70 × 80	71.78%
处理组	叶片/长 × 宽/cm	23 × 15	21 × 15	21 × 13	22 × 14	植株增幅
	植株/株高 × 冠幅/cm	90 × 90	90 × 93	95 × 95	92 × 93	52.79%

结论：茄子使用生物活性硒富硒技术与对照处理相比：

（1）株高增高，冠幅增大，增幅达 52.79%；

（2）叶片变厚，变宽大，增幅达 71.78%；

（3）衰老叶片少，植株长势强，抗病能力增强；

（4）果实数量增加，增幅达 17.65% ~ 19.25%；

（5）产量增加显著，增幅达 23.36% ~ 28.23%（图 4 - 21，表 4 - 6 至表 4 - 8）。

三、生物活性硒提质增效富硒案例（黄瓜 1）

试验地点：黑龙江省农科院园艺分院温室

黄瓜品种：华北型黄瓜（俗称水黄瓜）、华南型黄瓜（俗称旱黄瓜）

前期处理：于 2020 年 5 月 4 日（黄瓜 80% 开花）、5 月 11 日（80% 结果）2 次喷施生物活性硒营养液，分别留空白对照。2020 年 5 月 18 日和 2020 年 6 月 3 日先后进行 2 次采摘测产。

黄瓜富硒处理后的植物学性状表现如图 4 - 22 所示，富硒处理后黄瓜的产量对比情况如图 4 - 23 所示。为进一步研究生物活性硒富硒技术对黄瓜增产及抗逆性的影响，在应用生物活性硒 24 h 后，提取处理组与对照组的黄瓜叶片检测其谷胱甘肽过氧化物酶的活力变化，生物活性硒处理黄瓜的谷胱甘肽过氧化物酶活力的上升速率更加显著（表 4 - 9、图 4 - 24）。

(a)

(b)　　　　　　　　　　　　　　　　(c)

(d)　　　　　　　　　　　　　　　　(e)

图 4 – 21　茄子富硒技术效果鉴评会

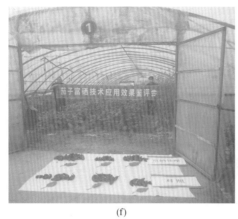

(f)　　　　　　　　　　　　　　　　(g)

图 4 - 21（续）

对照组	叶片稀少、黄叶多

(a)

生物活性硒处理	叶片茂盛、黄叶少

(b)

图 4 - 22　黄瓜富硒处理后的植物学性状表现

表 4 - 9　富硒处理 24 h 黄瓜谷胱甘肽过氧化物酶活性测定表

对照组	生物活性硒处理组	增幅
690	1107	60.4%

(a)　　　　　　　　　　　　(b)

(c)　　　　　　　　　　　　(d)

图 4 - 23　富硒处理后黄瓜的产量对比情况(上面为对照组,下面为富硒处理组)

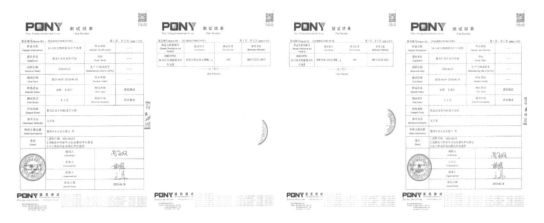

图 4 - 24　富硒处理后黄瓜谷胱甘肽还原酶测定报告

表 4-10   黄瓜富硒技术应用田间实测植株对比数据

样本	第一次采收根数/根	第一次采收重量/斤	第一次采收产量增幅/%	第二次采收根数/根	第二次采收重量/斤	第二次采收产量增幅	采收总数量/根	座里率增幅/%	采收总重量/斤	总重量增幅/%
华比型黄瓜处理	43	24.3	18.5%	50	28	30.2%	93	31%	52.3	24.5%
华北型黄瓜对照(CK)	37	20.5		34	21.5		71		42	
华南型黄瓜处理	39	14.2	13.6%	70	27.8	18.3%	109	16%	42	16.7%
华南型黄瓜对照(CK)	36	12.5		58	23.5		94		36	

生物活性硒富硒技术可使华北型黄瓜坐果率提高 31%,实现增产 24.5%;华南型黄瓜坐果率提高 16%,实现增产 16.7%(表 4-9)。经过国际权威第三方检测机构检测硒含量达到 280 μg/kg(图 4-25)。

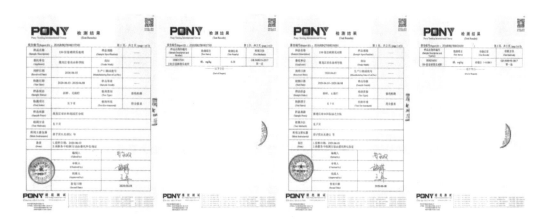

图 4-25   富硒处理后黄瓜的硒含量测定报告

四、生物活性硒提质增效富硒案例(黄瓜 2)

地点:2020 年哈尔滨市太平镇前进村

黄瓜品种:"龙园长剑"黄瓜

富硒处理的黄瓜相比对照组:商品率高、卖相好、皮薄、味甜、品质高(图 4-26),增产幅度 25.57%,每千克售价高出对照 0.4~0.6 元。经济效益测算:以华北型黄瓜为例:黄瓜亩产 5 000 kg 左右;全年均价 3.0 元/kg;生物活性硒处理后产量平均增幅按 20% 计;肥料及人工成本按 400 元/亩计;净增加收益可达:10 000×20%×1.5-400=2 600 元/亩。

图 4 – 26　富硒处理后黄瓜的商品性状表现

综上所述:黄瓜使用生物活性硒富硒技术后:

(1)植株叶片更茂盛,衰老叶片更少,抗病抗逆性增强;

(2)果实商品性、外观明显提升,单品售价提高;

(3)耐储藏性明显提升,货架期延长,提高销售能力;

(4)实现增产 16.70% ~ 25.57%,硒含量可达 280 μg/kg;

(5)预计亩增加收益达 2 600 元以上,经济效益可观。

五、生物活性硒提质增效富硒案例(白菜)

地点:黑龙江省农业科学院园艺分院、黑龙江翠花酸菜集团齐齐哈尔基地

种植品类:白菜

应用生物活性硒富硒技术后,富硒白菜叶片颜色深且肥厚,球顶叶颜色深绿,抱球更紧实(图 4 – 27),抗病性更强,整齐度高,商品性好,口感更清香脆甜,无辣味,无青臭味;富硒白菜硒含量分别为 40 μg/kg(喷施 1 次)和 120 μg/kg(喷施 2 次)。富硒酸菜硒含量达到 74 μg/kg(图 4 – 28)。

六、生物活性硒提质增效富硒案例(葡萄)

地点:鹤岗市山野梨花谷葡萄采摘园/黑龙江省农业科学院民土园区

富硒葡萄特点:皮薄、粒大、汁多,总糖提高,酸度弱化,口感提升,商品率提高,硒含量可达 270 μg/kg。用富硒葡萄酿制的葡萄酒硒含量达 72 μg/kg,酒精度 11.8,黄曲霉素、甲醇等关键葡萄酒指标全部达标(图 4 – 29、图 4 – 30)。

(a)   (b)

图 4 – 27　富硒处理后白菜的商品性状表现和测定报告

图 4 – 28　富硒处理后白菜的硒含量测定报告

(a)   (b)

图 4 – 29　富硒处理后葡萄的商品性状表现

图 4 – 30 山梨花葡萄及富硒后的营养成分分析

七、生物活性硒提质增效富硒案例(盆栽蔬菜)

地点:哈尔滨薇家农业发展有限公司双城基地

种植品类:盆栽系列蔬菜

盆栽蔬菜应用生物活性硒富硒技术后,促进根系生长,叶片绿且厚度增加,种植周期由原来的 35 ~ 38 天缩短到 30 天左右,盆栽蔬菜提前 5 ~ 8 天上市,每 667 m² 产量提高 2 000 盆,富硒后蔬菜价格由原来每盆 20 元提升到 30 元,市场依然供不应求。夏季棚温度超过 40 ℃时,菊科叶用莴苣属的生菜、菊苣属的苦菊等盆栽菜停止生长或者生长受限,表现为植株软、扒、叶片发黄不能上市,造成销售空档期 45 天。使用生物活性硒富硒技术后,不仅所有品类的绿叶菜叶片明亮翠绿,紫色菜更加鲜艳,商品性更强,而且没有空档期,各大酒店纷纷将盆栽蔬菜用来当作招牌,产品供不应求;仅春、夏两季每 667 m² 就增加效益 2 万余元。经国家权威第三方检测机构检测硒含量达 62 μg/kg,产品深受消费者喜爱,市场前景非常广阔。富硒盆栽蔬菜亮相 2020 年农博会,成为展会上最大的亮点之一,展台前购买和洽谈的客商络绎不绝(图 4 – 31)。

八、生物活性硒提质增效富硒案例(番茄)

地点:哈尔滨市俱扬蔬菜专业合作社(2021)

富硒番茄特点:果皮薄、光泽度好、酸甜适口、口味更佳,深受消费者欢迎,产品供不应求,经第三方机构检测硒含量 55 μg/kg(图 4 – 32)。

九、生物活性硒提质增效富硒案例(菇娘)

时间地点:2021 年林口县古城镇乌斯浑村菇娘种植基地

林口县古城镇乌斯浑村富硒菇娘试验示范田,总面积 16 亩,其中,对照面积 8 亩,喷施富硒营养液面积 8 亩。8 月份,菇娘正式进入收获期。实地观察时发现富硒组菇娘特点:较对照组植株更高、主茎更粗、枝叶更繁茂、坐果率提升 16.8%、果实大小更均匀、色泽更亮;口感品鉴方面:富硒菇娘外皮更薄、果肉更脆、甜度更高、消费者反馈更好。以 9 月 2 日上午 10:30 分为时间节点,产量提升 12.2%;经第三方机构检测硒含量 50 μg/kg (图 4 – 33、图 4 – 34)。

图 4 – 31 富硒盆栽蔬菜亮相农博会

图4-32　富硒番茄的商品性状和检测报告

十、生物活性硒提质增效富硒案例(木耳)

时间地点:牡丹江市长兴富硒木耳种植专业合作社(2021)

　　牡丹江市长兴富硒木耳种植专业合作社应用生物活性硒富硒技术,通过大棚吊袋和地栽方式,运用不同方案,栽培出不同硒含量的木耳,富硒木耳耳片肥厚(图4-35),口感清脆,硒含量达到0.52～3.6 mg/kg(图4-36),以满足不同客户需求。

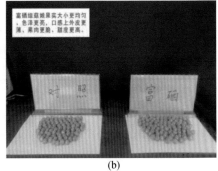

(a)　　　　　　　　　　　(b)

图 4 - 33　富硒菇娘的植株和果实性状

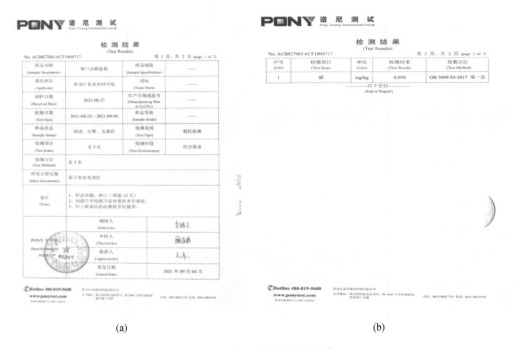

(a)　　　　　　　　　　　(b)

图 4 - 34　富硒菇娘的检测报告

十一、生物活性硒提质增效富硒案例(茶叶)

时间地点:2021 年青岛海青福润春茶园基地(图 4 - 37)

2021 年青岛海青福润春茶园基地使用生物活性硒富硒技术,运用不同方案,生产不同硒含量的茶叶,通过第三方检测机构检测,绿茶硒含量达到 3.66 ~ 9.17 mg/kg(炒制后干茶)(图 4 - 38),以满足不同客户需求。

(a)　　　　　　　(b)　　　　　　　(c)　　　　　　　(d)

图 4 – 35　富硒木耳

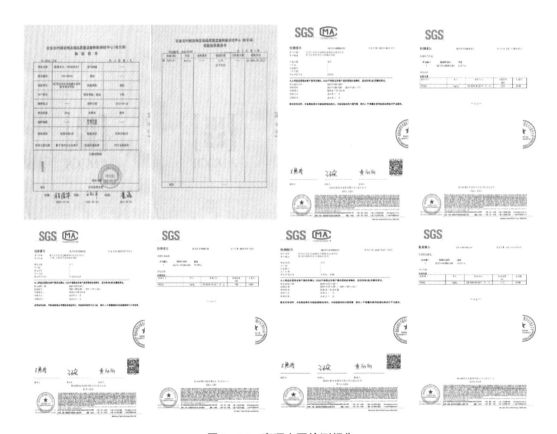

图 4 – 36　富硒木耳检测报告

(a)　　　　　　　　　　　　(b)

图 4 - 37　青岛海青福润春茶园基地

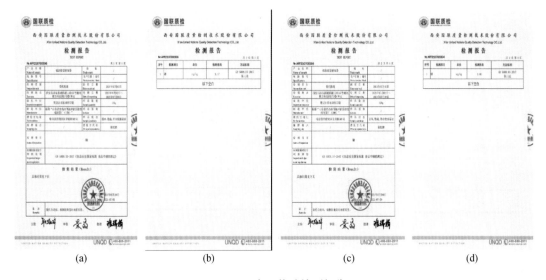

(a)　　　　　　(b)　　　　　　(c)　　　　　　(d)

图 4 - 38　富硒茶叶检测报告

十二、生物活性硒提质增效富硒案例(黄金梨)

时间地点:2021 年山东安丘市大汶河旅游开发区

2021 年山东安丘市大汶河旅游开发区黄金梨使用生物活性硒富硒技术,仅在黄金梨第一次膨大期喷施一次,成熟后富硒黄金梨与对照组相比皮更薄、更脆甜、口感更好。通过第三方检测机构检测:硒含量为 11 μg/kg(鲜基),可溶性固形物、葡萄糖、蔗糖、果糖等关键指标与对照相比全部提升(图4-39)。

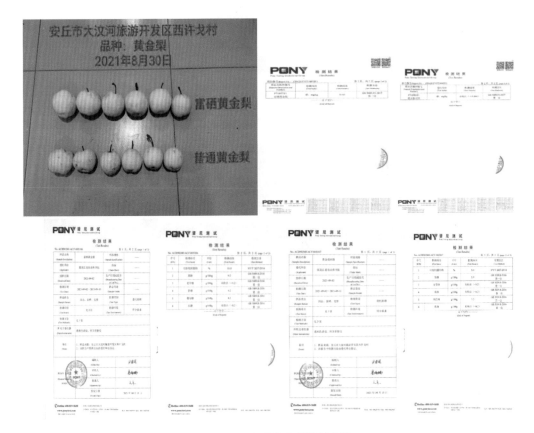

图4-39　富硒黄金梨检测报告

十三、生物活性硒提质增效富硒案例(草莓)

黑龙江省农业科学院园艺分院所进行生物活性硒处理的草莓整齐一致、大果率高(图4-40)、商品率好,转色快,成熟度好。在南岗区新五屯草莓种植棚通过生物活性硒处理的草莓甜度高、口感好、香气浓郁,处理组比对照组平均甜度高0.5。

喷施生物活性硒一次10天后检测结果(双城区长产村秋生草莓园)如图4-41所示。

喷施生物活性硒两次检测结果(双城区长产村秋生草莓园)如图4-42所示。

喷施生物活性硒三次检测结果(北大荒红旗农场草莓种植基地)如图4-43所示。

图 4 – 40　富硒草莓

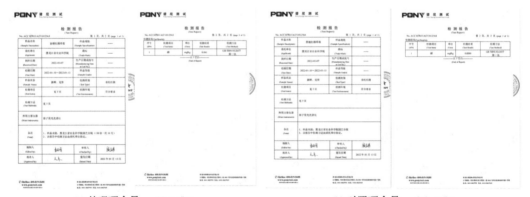

(a) 处理硒含量：41 μg/kg　　　　　　　　(b) 对照硒含量：8.8 μg/kg

图 4 – 41　喷施生物活性硒一次 10 天后检测结果

PONY 谱尼测试 Pony Testing International Group

检测报告
(Test Report)

No. ACC218007ACF1013796　　第 1 页，共 2 页 (page 1 of 2)

样品名称 (Sample Description)	富硒草莓	样品规格 (Sample Specification)	——
委托单位 (Applicant)	黑龙江省农业科学院	商标 (Trade Mark)	——
到样日期 (Received Date)	2022-02-18	生产日期或批号 (Manufacturing Date or Lot No.)	——
检测日期 (Test Date)	2022-02-19～2022-02-23	样品等级 (Sample Grade)	——
样品状态 (Sample Status)	新鲜、无腐烂	检测类别 (Test Type)	委托检测
检测项目 (Test Items)	见下页	检测环境 (Test Environment)	符合要求
检测方法 (Test Methods)	见下页		
所用主要仪器 (Main Instruments)	原子荧光光谱仪		
备注 (Note)	1、样品来源：双城区长产村秋生草莓园（两次 7 天） 2、该报告中检测方法由委托单位指定。		
编制人 (Edited by)		审核人 (Checked by)	
批准人 (Approved by)		签发日期 (Issued Date)	2022 年 02 月 24 日

Hotline 400-819-5688
www.ponytest.com

PONY 谱尼测试 Pony Testing International Group

检测报告
(Test Report)

No. ACC218007ACF1013796　　第 2 页，共 2 页 (page 2 of 2)

检测结果(Test Results)：

序号 (S/N)	检测项目 (Test Item)	单位 (Unit)	检测结果 (Test Result)	检测方法 (Test Method)
1	硒	mg/kg	0.067	GB 5009.93-2017 第一法

——以下空白——
(End of Report)

Hotline 400-819-5688
www.ponytest.com

图 4－42　喷施生物活性硒两次检测结果

PONY 谱尼测试 Pony Testing International Group

检测报告
(Test Report)

No. ACC215008ACF1013736　　第 1 页，共 2 页 (page 1 of 2)

样品名称 (Sample Description)	富硒红颜草莓	样品规格 (Sample Specification)	——
委托单位 (Applicant)	黑龙江省农业科学院	商标 (Trade Mark)	——
到样日期 (Received Date)	2022-02-15	生产日期或批号 (Manufacturing Date or Lot No.)	——
检测日期 (Test Date)	2022-02-15～2022-02-18	样品等级 (Sample Grade)	——
样品状态 (Sample Status)	新鲜、无腐烂	检测类别 (Test Type)	委托检测
检测项目 (Test Items)	见下页	检测环境 (Test Environment)	符合要求
检测方法 (Test Methods)	见下页		
所用主要仪器 (Main Instruments)	原子荧光光谱仪		
备注 (Note)	1、样品来源：北大荒红旗农场草莓种植基地（三次 10 天） 2、该报告中检测方法由委托单位指定。		
编制人 (Edited by)		审核人 (Checked by)	
批准人 (Approved by)		签发日期 (Issued Date)	2022 年 02 月 21 日

Hotline 400-819-5688
www.ponytest.com

PONY 谱尼测试 Pony Testing International Group

检测报告
(Test Report)

No. ACC215008ACF1013736　　第 2 页，共 2 页 (page 2 of 2)

检测结果(Test Results)：

序号 (S/N)	检测项目 (Test Item)	单位 (Unit)	检测结果 (Test Result)	检测方法 (Test Method)
1	硒	mg/kg	0.074	GB 5009.93-2017 第一法

——以下空白——
(End of Report)

Hotline 400-819-5688
www.ponytest.com

图 4－43　喷施生物活性硒三次检测结果

第五章 黑龙江省富硒蔬菜的发展前景

第一节 黑龙江省土壤硒分布

植物是人和动物摄入硒营养的主要来源,植物对硒的吸收主要来源于土壤。我国存在一条从东北地区向西南方向经过黄土高原再向西南延伸到西藏高原的低硒带,而黑龙江省位于全国低硒带的始端,是我国缺硒比较严重的省份之一。2013—2014 年间对黑龙江省大兴安岭山地、小兴安岭山地、东南部山地、松嫩平原和三江平原 5 个自然地理区域具有代表性的土壤进行全硒含量测定。不同地理区域土壤硒含量差异极大,其中小兴安岭山地(硒含量平均值 0.198 mg/kg)土壤硒含量极显著高于其他地区,其他地区依次为东南部山地(硒含量平均值 0.137 mg/kg)、三江平原(硒含量平均值 0.137 mg/kg)、松嫩平原(硒含量平均值 0.131 mg/kg)和大兴安岭地区(硒含量平均值 0.115 mg/kg)。不同行政市中土壤硒含量也具有明显差异性,全省内以黑河市土壤全硒含量最高(0.097 ~ 0.660 mg/kg),大兴安岭地区土壤全硒含量最低(0.014 ~ 0.210 mg/kg)。2012 年黑龙江省农业地质调查在两大平原发现了两条富硒土壤带,随后黑龙江省国土资源厅组织实施开展中大比例尺(1∶5 万)专项富硒土地调查评价工作,其中松嫩平原富硒土壤带核心区域的海伦市约 3 966 km² 农耕地表层土壤硒元素含量在 0.002 0 ~ 0.870 mg/kg,93.87% 的农耕土壤为足硒土壤,4.99% 的土壤为富硒土壤,几乎不存在硒潜在不足和缺硒土壤,无硒中毒地区。松嫩平原南部表层土壤中硒含量为 0.204 mg/kg,达到了中等程度,处于低硒带分布区。绥棱县农田土壤以足硒为主,足硒土壤占比 88.00%,富硒土壤占比 3.90%,硒潜在不足土壤占比 7.24%,缺硒土壤占比 0.86%。五常市东部优质水稻种植区土壤属于低硒和缺硒土壤面积占 90.37%,足硒土壤面积占 9.48%,富硒土壤面积仅占 0.15%。克山县土壤表层硒元素含量低于全国平均值,足硒土壤面积达 93.95%,硒含量不足或缺硒土壤面积占 62.62%。讷河市表层土壤硒含量低于全国和世界土壤平均值,高于黑龙江省和东北平原平均值,以足硒为主要特征,足硒土地面积达 84.21%。被誉为"中国富硒大米之乡"的方正县,其土壤全硒含量 0.030 ~ 0.496 mg/kg,我省的富硒水稻主产区绥滨县土壤硒含量集中在 0.175 ~ 0.400 mg/kg,地处三江平原腹地富硒"核心区"的宝清县,拥有近 6 000 km² 富硒区域,富硒土壤含量为 0.300 ~ 0.400 mg/kg。

根据我国硒元素生态景观安全阈值可将土壤硒效应划分为:缺硒土壤(≤0.125 mg/kg)、

边缘硒土壤(0.125~0.175 mg/kg)、中等硒土壤(0.175~0.40 mg/kg)、高硒土壤(0.40~3 mg/kg)、过量硒土壤(≥3 mg/kg)。黑龙江省大兴安岭地区、大庆市、佳木斯市所含盐碱土、风沙土和针叶林土均属于缺硒土壤,处于硒缺乏区;伊春市、黑河市多为暗棕壤,土壤硒含量相对较高属于中等硒土壤;其他地区为边缘硒土壤,属于硒潜在缺乏区。

第二节　黑龙江省富硒蔬菜的市场需求

从 20 世纪 70 年代开始,许多国家纷纷建立起富硒农业研究所,重点对硒与作物间生长关系、硒食品安全,以及硒对农副产品品质的影响进行研究。同时,在这种硒研究大环境下,一些西方国家在富硒农业上实现了产业化发展。

芬兰是世界上最早也是最成功地通过硒的生物强化法来提高农作物中硒含量的国家。芬兰是天然缺硒的国家,芬兰的表土层硒含量均值约为 0.21 mg/kg,且土壤中硒的可利用率很低。从 20 世纪 70 年代开始,芬兰的日人均硒摄入量严重不足。为了实现居民补硒,芬兰从 80 年代开始,运用向土壤中施加含硒肥料的方式增加农作物本身的硒含量,居民通过食用富硒植物补充体内硒含量。

英国是一个缺硒的国家,绝大多数土壤硒含量小于 1.0 mg/kg。英国本土种植的小麦中,硒的含量较低,有学者分别在 1982 年、1992 年和 1998 年调查了 452 种用于烘烤面包的小麦粉中硒的含量水平,结果调查的面粉样品中硒含量低,20 世纪 70 年代后期英国小麦自给率提高,减少从美国进口富硒小麦粉,英国政府投入大量资金、科研力量来提高本土富硒,1995 年开始小麦大面积施加硒肥,显著提高了小麦中硒的含量。

人体摄入硒的三个途径是食物、水和空气。其中,食物是人体硒的主要来源,包括粮食、蔬菜、肉类和水果。在富硒产品开发研制上,欧美等发达国家在大力发展传统富硒种养殖业的基础上,探索运用高科技手段开发出富硒牛肉干、富硒牛奶、富硒饼干、富硒啤酒等品类多样的富硒产品,在一定程度上整合了多层次、多领域的优势资源。

国际硒研究领域专家学者对有机硒毒副作用远低于无机硒这一结论早已经达成共识,很早前,人们就已能够运用酵母实现无机硒向有机硒的转化。此外人们又对有机硒化合物进行深层次研究,掀起有机硒开发利用热潮。在富硒畜牧业发展方面,芬兰、新西兰、澳大利亚等国通过向牧草中施加硒肥得到富硒牧草,草食动物食用后肉质中硒含量明显得以提升,这进一步拓展了富硒产品来源,有效促进了当地富硒畜牧业发展。在富硒食品研发方面,澳大利亚成功研制出富硒啤酒,美国、日本、马来西亚等国已研发出富硒果汁、富硒面粉,此外还有富硒猪肉、富硒牛奶、富硒鸡蛋等农副产品。

国际上认可并支持富硒产业的发展,为切实规范和促进富硒保健食品研发,联合国卫生组织提出了保健品含硒量标准。国内外相关机构和食品企业都能够抢抓机遇,聚焦富硒产品的研发。在富硒食品的研发中,美国 All Tech、英国 Grow How、新西兰 South Star 已经取得一定的成果,这对全球富硒产业的发展起到了积极的示范和推广作用。

当前,我国农产品开发已经朝着优质化、营养化、功能化的整体目标发展,功能性、特色性农业日益兴起,功能农业的发展为硒资源开发提供机遇。到 2020 年,全球推出 80 ~ 100 种功能农产品,功能农业在农业中的占比在 2020 年为 1%,2030 年将达到 10%。对硒资源开发利用就是发展功能农业的途径之一。富硒农副产品有着较大的市场需求空间,因其自身具有无可替代的属性,加之市场需求逐渐走高,与普通农产品差异较大,因此其市场供求风险相对较小。同时,伴随着中国老龄化社会的不断发展,人民生活水平的不断提高,老年人对健康更加关注,健康养生产品更加受老年人青睐。截至 2018 年末,我国 60 岁及以上人口已达到 24 949 万人,占总人口的 17.9%,其中 65 岁及以上人口为 16 658 万人,占总人口的 11.9%,年增速已经达到 3.28%。日益增长的市场需求为发展富硒农业提供了坚实基础。

第三节　黑龙江富硒蔬菜的开发现状及存在问题

一、富硒蔬菜的开发现状

环境中硒含量是有限的,人体缺硒是全世界面临的难题,因此,补硒产品(硒强化剂)具有广阔的市场需求。由于自然条件下,生物体合成的硒产物含量较少,难以达到缺硒群体日常硒元素摄入量的最低限度,因此,富硒食品的研究已经成为炙手可热的课题。通过人工施加硒元素,提高农副产品中的硒含量来达到生产富硒功能性食品的目的,进而满足人体硒摄入量的要求。现阶段主要通过 6 种方式提高农副产品中硒的含量。

(1)利用含硒量高的地区土壤中的硒生产天然富硒农产品,虽然具有物美价廉的优势,但是也存在产量低、含硒量不稳定的缺点。

(2)通过施加硒肥提高农产品中硒含量,在农作物生长期间施加硒肥,通过作物将无机硒转化为有机硒,从而提高富硒作物的安全性,如富硒草莓、富硒茶叶等。

(3)利用种子发芽的生理过程产生有机硒,发芽后磨粉作为硒强化剂添加到食品中,如富硒麦芽和豆芽等。

(4)通过动物转化有机硒,向动物投喂含硒的饲料,进而收获富硒的相关动物产品,如富硒鸡蛋和富硒牛肉等。

(5)利用微生物的代谢转化生产含硒产品,如富硒酵母等,这种方式生产的富硒产品一般存在感观差、消化吸收率低的不足。

(6)通过食品强化提高含硒量,如 L – 硒甲基硒代半胱氨酸是一种新型的食品营养强化剂。

二、富硒蔬菜栽培中存在的主要问题

硒是一种典型的分散型元素,同时也是潜在的有风险的污染元素。硒肥施用过量,易对环境造成硒污染,而目前由于研究水平有限,能造成硒污染的硒肥施用量临界值还不清楚,与硒肥施用相关的技术标准也尚未制定出来。因而,今后的富硒蔬菜研究应注意改进硒肥的生产和施用技术,提高硒肥利用率,减少硒肥对环境的污染。蔬菜富硒栽培中的另一个问题是蔬菜中的硒含量。世界卫生组织的研究认为,食物中的硒含量 <0.1 mg/kg时,就会造成人体缺硒;而 >5.0 mg/kg 时,又会产生硒中毒。今后应加强对控制富硒蔬菜中硒含量相关栽培技术的研究,使富硒栽培能生产出满足不同人群需求的不同硒含量的优质富硒蔬菜。

蔬菜在广大居民的日常生活中占有举足轻重的地位,是人们日常饮食中的必需品。蔬菜可提供人体所必需的多种维生素、矿物质和膳食纤维等。据国际粮农组织统计,人体所必需的90%的维生素 C 和60%的维生素 A 均来自蔬菜。另外,蔬菜生长迅速、利用率高、食用方便,相对于水果、粮食类作物,蔬菜植株含硒量更高。但在富硒蔬菜栽培中也存在如下问题。

(一)肥料问题

砷元素在自然界中含量极为丰富。除发现少量的砷单质外,砷元素还广泛存在于溶积岩和沉积岩中,包括硫化物矿、氧化物矿、砷酸盐矿等。此外,海水、地下水、土壤和人体内部都含有微量的砷。砷元素不是人体必需的元素,长期接触可能造成砷中毒。近年来,由于矿产开发排废和其他工业污染的加剧,大量砷进入了环境循环,土壤和地下水中砷的含量不断增加,对人类身体健康造成极大的隐患。因此砷污染已经成为一个人类目前非常关注的公共健康问题。目前富硒蔬菜种植基地大都参照绿色无公害基地建设,施用肥料时采用鸡粪等农家肥,这就让动物排泄物中的药物残留进入了蔬菜转运体系,而且人工合成的有机砷药物可能污染富硒蔬菜,从而进入食物链,危害人类健康。因此,在富硒蔬菜的种植过程中应加强原料和产品中人工合成有机砷的检测。

(二)病虫草害问题

在富硒蔬菜的生产过程中,病虫草害一直是影响作物栽培的关键问题,也是一个迫切需要解决的难题。想要将富硒蔬菜生产过程中的病虫草害控制在一个较低的水平,就需要我们大力开拓新型的防治手段。例如,培养作物自身的抗性、研发生物农药、改进农业管理技术和采用物理方法防治技术,等等。

(三)经济效益问题

在富硒农业生产初期,生产中的一些关键技术尚未得到有效解决,配套服务体系还未形成,又没有得到相应的优惠政策,因此投入高、产出低、经济效益差成为制约富硒农业初期发展的重要原因。

(四)消费习惯问题

广大消费者对富硒食品还不够了解,并且富硒食品的价格相对较高,导致消费者对富硒食品难以接受,这也制约了富硒农业的发展。

三、富硒农业种植的发展方向

根据我国富硒地的分布和具体情况,在富硒农业种植的发展中,我们必须把握好发展方向,尽量做到物尽其用,在生产实践中,应做好以下几项工作。

(一)建立富硒农业种植基地

要发展富硒农业种植首先必须建立符合种植要求的种植基地,在富硒地适合进行农业种植的区域选择好地块,针对拟建立种植基地的区域土壤进行检测,掌握土壤内所含的营养成分和硒元素含量范围,为日后的种植品种选择和施肥管理提供参考。富硒地确定后应科学规划并建立便于作物生长管理的现代化灌溉和施肥设施,为实现富硒农作物高产目标打下良好的基础。

(二)科学制定富硒产品品牌

在富硒农业种植发展中,除了要建立适应种植需求的种植基地,还应当科学制定富硒产品品牌,在产品品牌的设计和宣传过程中突出硒元素对人体健康的功能,打造一批具有特色的农产品品牌,形成品牌效应,以品牌影响力来促进富硒农业的进一步发展。从现阶段的保健性功能农产品品牌建设情况来看,我国比较具有影响力的富硒农产品品牌还非常欠缺,亟待开发和推广。

(三)借力信息技术开拓市场

在我国现代农业的发展建设中,信息技术正在发挥着越来越大的作用。富硒农业种植作为现代化功能性农业,完全可以借力信息技术,利用计算机和网络的优势,从种植信息选择、规划发展、基地生产管理、开拓市场等方面运用好现代化信息技术。从现阶段的富硒农业和信息技术的融合程度来看,大部分富硒农业都是利用信息技术领域的网络和电商平台来进行产品销售,借助信息技术的发展来开拓销售市场,而且已经取得了较好的经济效益。